# MOYEN DE DIRIGER L'AÉROSTAT,

*Avec un Précis historique des démarches que l'Auteur a faites, particulièrement auprès de l'Académie des Sciences, & du succès qu'elles ont eu.*

Par M. SALLE, Docteur en Médecine.

---

*..... Superat quoniam fortuna, sequamur,*
*Quòque vocat, vertamus iter.*

VIRG. Eneid. libr. V.

---

A PÉKIN;

*Et se trouve A PARIS,*

Chez COUTURIER, Imprimeur-Libraire, Quai des Augustins.

1784.

# MOYEN DE DIRIGER L'AÉROSTAT,

*Avec un Précis historique des démarches de l'Auteur, & du succès qu'elles ont eu.*

LE moyen de direction que je propose aujourd'hui, a été conçu & rédigé sur la fin de Décembre dernier. J'ai fait des démarches; j'ai attendu leur résultat; & telles sont désormais les circonstances dans lesquelles je me trouve, qu'il faille enfin m'adresser directement au public. Comme il m'importe, en lui livrant mon projet, de soumettre aussi ma conduite à son examen, je tâcherai de faire un récit circonstancié, mais simple & rapide : je serai sobre, autant qu'il me sera possible, dans tout ce qui me regardera.

Du moment où la machine aérostatique a paru, j'avois répété avec la plupart des Physiciens que le problême de direction étoit insoluble, & je m'étois obstiné à ne voir dans la découverte de M. de Montgolfier qu'un objet de pur agrément, auquel on attachoit beaucoup trop d'importance. Persuadé d'ailleurs qu'il ne faut pas juger inconsidérément dans de semblables circonstances, j'avois apporté à l'examen de la chose beaucoup de circonspection, & je ne m'étois attaché à mon sentiment qu'après me l'avoir, pour ainsi dire, démontré dans toute la rigueur géométrique. J'étois conséquemment dans une situation très-propre à ne pas croire trop précipitamment aux différens moyens de direction qui pouvoient être proposés.

Un pas que je crus faire, à cette époque, au-delà de ce qu'on avoit vu jusqu'alors, me donna quelques idées. Je fis des calculs; j'arrangeai des machines, en conséquence de leurs produits, & il me sembla que j'avois réussi. A la vérité, l'espece de découverte qui servoit de base à mon ouvrage, étoit facile à rencontrer, & cette réflexion me donna quelque doute; car je ne voyois pas comment je pourrois être le seul qui l'auroit saisie, dans un moment où tant de monde s'occupoit de la question. Mais la simplicité du moyen de M. de Montgolfier n'en avoit, en quelque sorte, que retardé la découverte; &, sans comparer l'un & l'autre dans leur valeur absolue, le mien pouvoit être dans le même cas.

Persuadé de l'exactitude de mes opérations, autant qu'on peut l'être en méchanique, quand on n'a pas exécuté sa machine, & qu'on ne fait pas de cette science son objet principal, je crus devoir les livrer à des juges éclairés qui pussent fixer mes idées sur leur véritable valeur, d'une maniere encore plus intime, & leur donner de la publicité, si la chose le méritoit. Cette marche me parut convenable; car, outre que c'étoit marquer à ces juges l'estime & le respect que je devois avoir pour eux, c'étoit en même-temps prendre un parti qui me conduisoit à ne rien adresser au public que quand j'aurois été bien sûr de ne pas l'occuper inutilement & sans intérêt; & cette conséquence me plaisoit spécialement, en ce qu'il me semble qu'on ne sauroit être trop réservé sur cet article. J'étois loin de prévoir que je me verrois forcé de faire ce pas qui me répugnoit si fort dans le principe, & que je ne me préparois, en agissant ainsi, que le regret de l'avoir maladroitement différé.

Les journaux venoient d'annoncer un prix de 1200 liv. proposé par l'académie de Lyon, en faveur de celui qui résoudroit le problême. Je préférai en conséquence de m'adresser à cette académie, & j'écrivis sur le champ à M. de la Tourrette, son secrétaire perpétuel.

Après lui avoir rendu compte, en peu de mots, de la maniere dont j'avois été porté vers mon résultat, je poursuivois en ces termes : « je prends donc la liberté » de vous écrire, monsieur, pour vous » prier de m'indiquer les moyens de mettre » mon plan sous les yeux de l'académie, » & de le vérifier conjointement avec elle.

» Je pourrois, il est vrai, faire ma machine » en petit, & en détailler les pieces à » l'aide d'un mémoire. Mais rien ne se » dérangeroit-il d'ici à Lyon? Tout seroit-il » également saisi? Disposeroit-on exacte- » ment les pieces pour la manœuvrer? Une » légere circonstance que j'aurois oublié de » faire remarquer assez, peut empêcher mon » succès, &c. ».

Je détaillois ensuite à M. de la Tourrette les résultats que je croyois pouvoir mettre sous les yeux de l'académie, d'après la combinaison & le jeu des pieces de ma machine. Je terminois ainsi:

« Faites-moi donc, monsieur, s'il vous » plaît, une réponse prompte, & daignez » m'indiquer le moyen de démontrer à » l'académie que j'ai satisfait à la question » proposée. Il me tarde de savoir quel peut » être le succès de mon travail; non pas » tant, je vous proteste, par rapport à moi, » que pour voir la découverte de M. de » Montgolfier aussi importante qu'il le faut » à la gloire de son pays & à la sienne. » J'ai l'honneur, &c ».

Et en *poſt-ſcriptum* : « je dois vous dire » auſſi, monſieur, que mes principes & » leurs conſéquences ſont tels, que, ſi, » par leur moyen, je n'avois pas réſolu » le problême, j'en concluerois hardiment » qu'il eſt inſoluble. Ce ſeroit toujours une » vérité démontrée ».

*Paris, ce 13 Janvier 1784.*

Le lendemain, j'adreſſai auſſi une lettre à M. le marquis de Condorcet, ſecrétaire perpétuel de l'académie des ſciences, dont voici le contenu :

« Monſieur, j'ai l'honneur de vous adreſ» ſer cette lettre, pour vous prier de fixer » une époque qui pourroit devenir inté» reſſante.

» Je me ſuis occupé des moyens de diri» ger l'aéroſtat, & je crois non-ſeulement » avoir réſolu le problême, mais tous ceux » qui concerneroient déſormais la naviga» tion aérienne. J'ai de plus trouvé le » moyen de deſcendre à volonté ſans déper» dition de gaz ; ce qui fait pour la pratique » un objet bien eſſentiel, car je me ſers du » globe rempli à la maniere de M. Charles.

» En conſéquence, monſieur, je viens » d'écrire à M. le ſecrétaire perpétuel de » l'académie de Lyon, pour le prier de » m'indiquer comment je puis mettre mes » procédés ſous les yeux de ſa compagnie, » avec l'exactitude néceſſaire, & ſur-tout » le moins diſpendieuſement poſſible pour » moi. Telle a été juſqu'ici ma premiere » démarche.

» J'aurois peut-être dû m'adreſſer en » ceci directement à l'académie des ſciences » de Paris, comme à la premiere du » royaume : j'aurois même pu prétendre à » l'avantage de voir ſe réaliſer promptement » mon idée, en prenant cette marche; mais, » monſieur, je voudrois retirer de mon » travail tout le fruit que je puis décemment » & raiſonnablement me promettre. En me » forçant d'attendre, je fais un ſacrifice : je » cherche à le diminuer, en tâchant de » fixer cette époque autant qu'il eſt en moi.

» Je ne rendrai donc pas compte de mes » moyens à l'académie, à moins qu'il ne » me reſte toujours à-peu-près la même » perſpective : j'ajouterai ſeulement que je

» me ſuis, à ce que je crois, dirigé ſur » les principes de la ſaine Phyſique; que » je me ſuis fait, avant de commencer » mon travail, toutes ces difficultés que les » Phyſiciens éclairés répetent ſans ceſſe ſur » la nature du problême; que celle que M. » de Lalande a inſérée hier dans le journal » de Paris (*), ne m'a pas échappé, qu'elle » m'a même fait plaiſir, en me perſuadant » d'autant plus de la vérité de mes réſultats, » & ſur-tout en me portant à croire que, » ſi je n'ai pas réſolu le problême, mes » moyens peuvent prouver qu'il eſt abſolu- » ment inſoluble.

» Je vous le répete, monſieur, je ſuis » peiné d'attendre pour voir ce que mes » calculs doivent donner dans la pratique: » je crains d'être prévenu; car il ſeroit bien » flatteur de s'aſſocier, en quelque ſorte, » à la gloire de M. de Montgolfier, en y » concourant de toutes ſes forces. Je » tremble d'ailleurs que quelqu'étranger ne » profite de l'intervalle. C'eſt à la France

(*) Dans le N°. du 14 Janvier dernier.

» que l'Europe doit l'inventeur de la ma-
» chine aéroſtatique ; la France ſeroit-elle
» indifférente à ce que l'Europe lui dût
» auſſi l'inventeur de la navigation aérienne?

» Veuillez donc, monſieur, dépoſer
» cette lettre dans le porte-feuille de la
» ſavante compagnie qui devroit plus natu-
» rellement être mon juge, en attendant
» que la longue année fixée par l'académie
» de Lyon, ſoit révolue, & faites-moi la
» grace de tenir la choſe ſous le ſilence
» juſqu'à ce moment. Je ne ſuis pas un
» charlatan qui vante ſon ſecret : j'ai fait
» des calculs & obtenu des réſultats ; mais,
» quelque certaine que me paroiſſe cette
» marche, elle a beſoin d'être confirmée
» par l'expérience, & tant que je ne ſerai
» pas sûr, je ne voudrois rien affirmer.

» Telle eſt la principale raiſon qui m'a
» déterminé à vous importuner dans la cir-
» conſtance préſente. J'avois d'abord réſolu
» de publier la ſubſtance de cette lettre par
» la voie des journaux, avec la précaution
» de garder l'anonyme ; mais le public à
» peine revenu de la plaiſanterie indécente

» qu'on vient de lui faire (*), auroit pu » croire que je lui en préparois autant. Ma » théorie peut pécher, quelle qu'évidente » qu'elle soit à mes yeux ; & je respecte » trop le public, pour le mettre dans le » cas de supposer le contraire.

» D'ailleurs l'académie de Paris est » comme le dépôt général des sciences » & de tout ce qui les concerne. Il n'est » pas hors de place, par rapport à l'époque, » de répéter ici ce que j'ai fait à Lyon. Je » vous prie de m'excuser, monsieur, & de » me croire, &c. ».

*Paris, ce 15 Janvier 1784.*

J'avois cru cette lettre nécessaire ; car le problême pouvoit se résoudre dans l'année, & j'avois besoin d'une piece qui constatât sur le champ mon antériorité, & qui suspendît les jugemens sur cet article, jusqu'à ce qu'on eût appris, à la proclamation du prix de l'académie de Lyon, s'il étoit vrai que je l'avois résolu moi-même.

(*) Nous étions au moment de l'aventure des sabots élastiques.

Le 21 Janvier, je reçus un billet non daté de M. le marquis de Condorcet, par lequel il me disoit que le seul moyen d'assurer ma date & mon secret, étoit de lui adresser ma maniere de diriger dans un paquet cacheté, avec mon nom; que ce paquet seroit inscrit dans les registres de l'académie, & déposé sans être ouvert. Je différai, pour lui répondre, jusqu'au 28 suivant, dans l'indécision où j'étois si je ne devois pas m'adresser directement à Paris, plutôt que d'attendre pendant un an le résultat de l'académie de Lyon. Ne recevant aucune nouvelle de ce côté, je me déterminai enfin à envoyer mon mémoire à M. de Condorcet, & je l'accompagnai d'une seconde lettre, par laquelle je lui disois que, l'académie de Lyon ne m'ayant pas répondu, il étoit probable qu'elle n'avoit pas fait grande attention à ma demande; qu'elle rompoit désormais l'engagement que j'avois, en quelque sorte, pris avec elle de lui présenter mes moyens, & de concourir au prix proposé; qu'elle me rendoit la liberté de me choisir d'autres juges, & me mettoit même dans la néceſſité de le faire ; qu'à la vérité, la difficulté de me faire entendre dans un ſujet dont les termes ne m'étoient pas familiers, ſubſiſtoit encore toute entiere ; mais qu'étant ſur les lieux, s'il ſe trouvoit quelque point que je n'aurois pas ſuffiſamment éclairci, j'eſpérois que l'académie ne dédaigneroit pas de m'en faire part, & qu'elle voudroit bien ſuſpendre ſa déciſion juſqu'à ce que je me fuſſe expliqué.

« Je ſacrifie ainſi, continuois-je, ma pré-
» tention au prix propoſé. Mais, outre que
» je ne vois plus comment je pourrois m'y
» préſenter, il eſt encore douteux que j'aye
» réuſſi. Enfin l'année fixée me paroît un
» trop long terme : tant d'impatience s'ac-
» corde mal avec un pareil délai.

» Au ſurplus, il me reſtera toujours un
» prix qu'aucune circonſtance ne pourra
» m'enlever ; ce ſera la ſatisfaction d'avoir
» fait mon poſſible pour réſoudre un pro-
» blême auſſi intéreſſant. Et d'ailleurs, ſi
» l'académie décidoit en ma faveur, &
» qu'elle ſe déterminât à exécuter un aéroſ-
» tat d'après mon plan, je demanderois

» d'être inſcrit au nombre des nouveaux
» voyageurs, c'eſt-à-dire, des premiers navigateurs aériens : j'eſpérerois de ſa complaiſance, qu'elle ne me refuſeroit pas la place de *Pilote du char volant*, & qu'elle me laiſſeroit la liberté de marquer le premier but.

» J'ai l'honneur, &c. ».

*Paris, ce 28 Janvier 1784.*

Satisfait d'avoir terminé cet objet, j'attendois de jour en jour quel en ſeroit le ſuccès. Il me ſemboit, d'après mes aſſertions & ma conduite, que je pouvois prétendre à une attention prompte, & je ſuppoſois que le rapport de mon mémoire ne devoit pas tarder beaucoup. Mais je ne dois pas anticiper ſur l'ordre des choſes : il me ſuffit de dire que j'ai ſollicité ce rapport inutilement juſqu'ici, & que je ne me détermine au parti que je prends aujourd'hui, qu'en conſéquence du refus tacite qui m'en a été fait. C'eſt ici le lieu de rendre compte au public de mon moyen de direction : je reprendrai enſuite l'expoſé des faits & des démarches qui y ſont relatives.

Je ne dois pas cependant passer sous silence la réponse de l'académie de Lyon, que je reçus le 7 Février, en ce qu'elle justifie la précipitation avec laquelle j'avois tout-à-coup pris pour juge l'académie des sciences de Paris. L'impatience qui me faisoit agir étoit bien excusable dans un pareil sujet : mais quand j'aurois attendu, il m'eût été difficile de me conduire autrement.

M. de la Tourrette, après m'avoir dit que les séances multipliées de l'académie l'avoient empêché jusqu'alors de lui communiquer ma lettre, ajoutoit qu'elle n'étoit pas dans le cas d'acquiescer à ma proposition, faute de fonds suffisans pour faire des avances aux auteurs qui voudroient concourir; que, d'ailleurs, dans cette circonstance, comme pour tous les sujets de prix proposés par les corps littéraires, les auteurs étoient tenus d'établir leurs principes, & de fournir à cet effet des preuves de leur bonté, par des plans & des expériences constantes & des modeles sur lesquels les académies portoient leurs jugemens.

Avant de passer au plan de ma machine, je

je dois avertir auſſi qu'ayant fait quelques corrections, par un ſupplément à mon mémoire en date du 8 Mars, & dans les différentes lettres que j'ai adreſſées à mon rapporteur, d'après ſes obſervations, je ne donnerai pas ce mémoire & ces ſupplémens tels qu'ils ſont dans l'original. Je décrirai ma machine telle que je la ferois conſtruire ſi j'avois à l'exécuter. J'obſerverai ſeulement que les changemens que j'ai pu faire n'ont porté que ſur les pieces acceſſoires, & jamais ſur les moyens eſſentiels. Il étoit impoſſible que la machine fût parfaitement combinée du premier coup.

# MÉMOIRE

## *Sur la maniere de diriger les Machines aérostatiques.*

Avec cette Epigraphe :

*Exsultantiaque haurit*
*Corda pavor pulsans, laudumque arrecta cupido.*
VIRG. Æneïd. lib V.

Par M. SALLE, Docteur en Médecine.

Ce 29 Janvier 1784.

DESIRER les progrès de la découverte de M. de Montgolfier, c'est ressentir la gloire dont il couvre son pays, c'est lui payer au fond du cœur la reconnoissance qu'il mérite. Tel est le caractere du problême proposé par l'académie de Lyon. Cette sage compagnie a connu sans doute qu'elle n'étoit que l'organe de la France : elle s'est hâtée de peur d'être prévenue. Elle a destiné un prix à celui qui résoudra le problême, non pas probablement dans l'intention d'exciter une ardeur qui forme désormais le vœu général, mais afin d'attirer autant qu'il lui sera possible, à son jugement, un sujet d'une si grande importance.

Je ne sais si j'ai réussi; car je n'ai pas pratiqué mes moyens : mais en présentant mes idées à l'académie, je me conforme à ses vues, & je remplis, en quelque sorte, mon devoir envers M. de Montgolfier. Cette satisfaction est la seule récompense à laquelle je puisse prétendre; mais elle est aussi la seule que méritera réellement quiconque réussira.

Il s'agit de diriger à volonté le char aérostatique, de fendre tous les courans d'air, & même de remonter contre le vent.

Quelle que soit la forme de l'aérostat, de quelle que méchanique ingénieuse on puisse le charger, si la force motrice ne s'appuie pas contre le fluide dans lequel il nage, il sera constamment le jouet des vents; car étant en équilibre, il sera nécessairement entraîné par la masse d'air, dont la pesanteur en tous sens le soutient dans cet état. Les colonnes qui l'environnent le pressent également dans tous les points; nulle raison conséquemment pour qu'il cesse un instant d'en être pressé de même.

Il suit delà qu'on lui adapteroit en vain une mâture, des voiles & un gouvernail; car cette disposition ne feroit qu'en changer la forme. Que le char soit de flanc ou de bout, qu'on déploie une voile suivant ou contre la direction du vent, qu'on incline un gouvernail au nord ou au sud, les choses sont absolument égales.

Le seul moyen de résoudre le problême, seroit donc d'avoir des agens qui pussent rompre à volonté cet équilibre : alors la forme du char pourroit influer dans la manœuvre, & il ne seroit sans doute plus indifférent de lui donner un gouvernail ou des voiles. Or, cet effet ne peut avoir lieu qu'en frappant l'air assez violemment dans un sens, pour augmenter en quelque sorte sa pression en sens contraire; c'est-à-dire, qu'il faut à la machine des rames, des nageoires ou des aîles.

On peut considérer l'aérostat comme soutenu sur un pivot extrêmement tenu. Une légere force doit suffire pour rompre l'équilibre & déterminer son mouvement. L'extrême rarité de l'air permettra aux colonnes vers lesquelles l'effort se portera de céder facilement. La promptitude avec laquelle les aérostats s'élevent, en sont la preuve.

D'un autre côté, cette rarité devient un obstacle, en ce qu'il faut lui proportionner les rames dont on prétend se servir; & la premiere chose qui se présente, c'est qu'on ne trouvera pas de force capable de les soutenir & de les mouvoir avec la rapidité convenable.

Enfin, les moyens de diriger ces rames dans les deux sens opposés, sans perdre d'un côté ce qu'on pourra gagner de l'autre, forment une nouvelle difficulté : il faudroit qu'elles devinssent nulles, en quelque sorte, dans la premiere direction, pour produire, suivant l'autre, le plus grand effet possible.

Telles sont les idées préliminaires sur le plan desquelles j'ai dirigé mes recherches : leur résultat, fondé sur les premieres notions de la méchanique, m'a fait conclure que, demander les moyens de diriger l'aérostat, c'étoit demander en d'autres termes les moyens de lui adapter des rames.

L'aérostat entraîné par les couches d'air qui l'environnent est immobile par rapport à l'atmosphère, ou du moins par rapport au lit du vent qui l'entraîne; comme un corps fixé à la terre est censé en repos, malgré le mouvement rapide de celle-ci autour de son axe & sur l'écliptique : le mouvement est commun à l'un & à l'autre, comme celui du vent le sera à l'aérostat. Qu'il y ait calme ou tempête; si le char se dirige, il s'éloignera en conséquence toujours également de la place qu'il occupoit d'abord : la seule différence qu'il y ait, c'est que, quand il se dirigera contre le mouvement commun, c'est-à-dire contre le vent, il voyagera en sens contraire, par rapport au spectateur terrestre, si sa vîtesse est moindre; il sera stationnaire, si elle est égale; il avancera enfin directement, si elle est plus grande, & sa vîtesse relative alors, sera égale à l'excès de sa vîtesse absolue sur celle du vent. La résistance de l'air contre lequel il se portera, sera la même pour lui dans tous les temps; d'où il suit que l'aérostat ne sera jamais plus fatigué dans une circonstance que dans l'autre (*). En s'occupant du problême, il ne faut donc avoir égard qu'à la vîtesse absolue, comme si l'atmosphère devoit être toujours calme, & celui-là sans doute l'aura résolu complétement, qui aura rendu cette vîtesse la plus grande qu'il soit possible.

Des rames proportionnées seront les agens du mouvement progressif. Mais l'aérostat éprouvant alors une résistance de la part du fluide dans lequel il sera mis en mouvement, si cette résistance n'est pas distribuée également autour de son centre de gravité, ou, pour mieux dire, s'il présente à l'air plus de surface d'un côté que de l'autre, il sera dévoyé en conséquence. Or on pourra produire cet effet moyennant un gouvernail aussi proportionné, & se donner par-là un autre agent qui dirige à volonté la tête du char vers le but où l'on voudra tendre.

J'aurai donc satisfait à la question proposée, si les rames & le gouvernail que j'ai

---

(*) A moins qu'il ne se trouve entre deux vents contraires : s'il est vrai toutefois qu'à une certaine hauteur, cette circonstance puisse avoir lui.

imaginés d'après ces données, sont capables de produire l'effet desiré; & comme la combinaison des pieces de ma machine est telle, qu'il faut nécessairement que je détermine l'ascension à la maniere de M. Charles, il est essentiel, pour l'exacte solution du problême, que je puisse me servir aussi de mes moyens pour descendre sans déperdition de gaz; excepté toutefois celle qui pourroit se faire à travers les pores d'une enveloppe qui ne seroit pas imperméable. Il ne me reste qu'à mettre mon travail sous les yeux de l'académie.

A B C D, (fig. 1ere.) est un chassis ayant 18 pieds de A en B, sans y comprendre la partie moyenne G R, & 12 pieds de B en C. La piece A D porte de E en F également 12 pieds. Les pieces E B, F C s'articulent sur elle à charniere, en E & en F. B C est fixé solidement aux deux traverses E B, F C, avec des équerres de fer. Enfin, deux autres montans G H, R S, sont fixés de même aux deux traverses, de maniere qu'il y ait 12 pieds de distance entre A D & G H, & 6 pieds entre R S & B C.

Ces pieces sont formées d'un bois fort & léger : elles ont 3 pouces de largeur sur 2 d'épaisseur. Leur épaisseur est dans le plan de la figure.

Le chassis peut tourner sur A D : je nomme en conséquence cette piece le balancier. Elle porte en I un pivot élevé perpendiculairement sur le plan de sa largeur, avec un trou à son extrémité, destiné à recevoir une clavette qui le fixera à sa place. G H, un des montans du milieu, porte une semblable piece, avec cette différence qu'elle s'articule à charniere sur lui.

J'ai quatre chassis ou cadres semblables, que je remplis, comme il sera indiqué à sa place. C'est la carcasse des rames dont je prétends me servir, & désormais je ne les nommerai pas autrement. J'indiquerai d'abord comment je les dispose autour de la machine, comment je compose leur intérieur, enfin de quelle maniere je conduis leur mouvement.

A B, ( fig. 2^e^. ) est une planche de 26 pieds de long : elle peut être de deux pieces, si l'on veut, jointes solidement ensemble.

Sa largeur est de 6 pouces ; son épaisseur de 3. Elle est représentée coupée dans le milieu de sa largeur, suivant son épaisseur : elle a 12 pieds de A en C, 12 de C en D, & 2 de D en B. X Y est sa piece correspondante, & lui est jointe moyennant plusieurs traverses, z, z, &c.

En C & en D, sont des trous destinés à recevoir les pivots des balanciers des rames. C E, D E, sont les deux rames de ce côté qui s'élevent perpendiculairement au plan de la figure, de maniere à n'être apperçues, ainsi que cette figure, qu'en vue d'oiseau.

F G est une autre planche de 12 pieds de longueur, sur 2 pouces de largeur & 3 d'épaisseur : elle porte à ses extrémités deux trous destinés à recevoir les deux autres pivots des rames : elle est parallèle à A B, & disposée comme elle.

H B est une autre planche de mêmes dimensions que la précédente ; ayant sa largeur dans le plan de la figure, & s'articulant à charniere sur A B, de maniere à pouvoir monter & descendre. I K est un bras de fer de 6 pieds de long, destiné à soutenir

H B, fixé en I, & articulé, comme H B, en K.

Aux extrémités F, G, de la piece F G, ſont deux anneaux de fer auxquels eſt fixée, de part & d'autre, une corde qui, d'un côté, paſſe en H ſur une poulie fixée à la piece H B, marche parallèlement à cette piece juſqu'en B, paſſe ſur une ſeconde poulie, & vient ſe ramaſſer ſur le tour L M. La corde qui part de l'anneau F, va paſſer de même ſur une poulie en A, & vient ſe ramaſſer en ſens contraire ſur le même tour.

Les rames ainſi diſpoſées ſont fixées parallèlement entr'elles par ſix cordeaux, qui partent de l'extrémité des balanciers & des deux montans G H & B C de l'une, (fig. 1.$^{ere}$.) & qui vont ſe fixer aux angles correſpondans de l'autre; de ſorte que l'une ne peut tourner ſur ſes pivots ſans entraîner l'autre d'un mouvement commun. Enfin, le balancier de la rame C F, (fig. 2$^{e}$.) porte un demi-cercle de fer de 3 pieds de diamètre, denté ſur ſa circonférence, ayant pour centre le pivot de la rame. Il s'engraine dans un pignon P, fixé à la piece A B, &

portant, en dedans de cette piece, une manivelle.

Il eſt clair qu'en faiſant mouvoir ce pignon juſqu'à ce que le demi-cercle N ait fait un quart de tour, je mettrai le plan de la rame dans celui de la figure; & comme elle entraînera l'autre d'un mouvement commun, elles ſe trouveront toutes deux diſpoſées de la même maniere, c'eſt-à-dire, horiſontalement.

Si le pignon étoit tellement fixé que la direction des rames fût verticale, comme dans la figure, & qu'on fît mouvoir le tour, L M, alternativement d'un ſens dans un autre, il eſt évident que les rames ſe dirigeroient ſucceſſivement ſur les charnieres de leurs balanciers, de B en A, & de A en B; & ſi je ſuppoſe un moment qu'elles ſoient remplies dans leur direction de B en A, & vides dans l'autre ſens, il eſt évident encore qu'elles fouleroient l'air de B en A par toutes leurs ſurfaces, ſans rien ôter à l'effet obtenu en revenant de A en B, & que la machine A B X Y auroit une impulſion réelle.

Pour mieux contenir le parallèlisme des rames, j'ai un autre demi-cercle de fer fixé sur la piece L M, ( fig. 1ere. ) perpendiculairement au plan de la figure, & denté dans sa concavité. Un levier coudé, arrêté par son extrémité en O, ( fig. 2e. ) sur la piece F G, & qui tombe dans les dents du demi-cercle, sert à le fixer. Une ficelle qui part du coude de ce levier, passe sur une poulie auprès de la rame, coule suivant sa longueur, & vient aboutir en C, me donne le moyen de dégager ce levier du demi-cercle, & je puis alors, en faisant mouvoir le pignon P, disposer les rames à volonté.

Pour composer l'intérieur de mes rames suivant les conditions du problême, j'ai d'abord 5 lattes de 12 pieds de longeur, un pouce de largeur, ½ pouce d'épaisseur. Je les dispose ( fig. 1ere. ) parallèlement aux traverses E G, F H, à la distance de 2 pieds l'une de l'autre, de N en O. J'en ai 5 autres de 6 pieds, que je dispose de même de Q en P. Ces dernieres sont fixées solidement à leurs montans R S, B C; mais les autres ne sont fixées ainsi qu'en G H:

un petit cordeau qu'elles portent à leur autre extrémité N, & qui est reçu dans des trous pratiqués en conséquence sur le balancier, les attache de ce côté, en leur permettant de tourner sur lui, comme les traverses E B, F G : enfin, leur épaisseur est dans le plan de la figure.

Douze trous T, pratiqués sur la traverse E G, le premier à 4 pouces du balancier, & les suivans à 1 pied l'un de l'autre, de sorte qu'il y ait 8 pouces entre le dernier & le montant G H, ont aussi leurs correspondans sur la traverse inférieure F H, & dans les lattes N O. 6 autres trous V sont pratiqués de même sur les extrémités R B, S C, & sur les lattes Q P. Tous ces trous sont garnis en fer blanc, & destinés à recevoir des verges de fil de fer, dont l'usage sera indiqué dans un moment.

24 petits cordeaux *xz* distants des trous T, de part & d'autre, de 4 pouces, & 12 autres cordeaux disposés de même pour la partie RBCS, sont fixés sur la traverse EB, descendent parallèlement au balancier, font un tour en passant sur chaque latte, & vont s'attacher à la traverse inférieure.

Enfin, 108 petits chassis d'un pied de large, sur 23 pouces de haut, composés d'un cadre de fer blanc garni d'un taffetas bien tendu, sont disposés sous les trous T, V, & leurs correspondans : ils reçoivent dans deux anneaux élevés sur leur cadre, à 4 pouces du côté qui doit regarder le balancier, l'un supérieur & l'autre inférieur, les verges de fil de fer qui vont de la traverse EB se fixer sur FC, & les retiennent en place, en leur permettant de tourner sur elles.

Il faut observer que les petits chassis sont tellement enlacés dans les cordeaux, que les parties qui regardent le balancier en partant de leurs centres de rotation, T, V, sont croisées par-dessus, tandis que les parties de l'autre côté le sont par-dessous. Cette disposition leur permettra de s'élever perpendiculairement au plan de la figure, de B en A (fig. 2^e^.); mais elle les arrêtera dans la direction de ce plan, quand ils tourneront de A en B.

Si je suppose donc que la face sur laquelle les petits chassis peuvent s'élever perpendiculairement à la rame, ſoit tournée vers A, & que je faſſe agir les rames alternativement de A en B & de B en A, il arrivera deux choſes : la premiere, c'eſt que l'air foulé par ces grandes ſurfaces, faiſant effort contre les petits chaſſis, s'appuyera autour de la ligne de leurs centres de rotation ; mais comme cette ligne partage chaque chaſſis en deux portions inégales, dont celle qui regarde le point E eſt double de l'autre, la puiſſance appliquée de ce côté l'emportera ſur le champ. La ſeconde, c'eſt que la rame en tournant, ayant d'autant plus de vîteſſe, que les parties s'éloignent davantage du balancier, la plus grande portion de chaque petit chaſſis foulera l'air avec plus de force : la réſiſtance de l'air, par cette double raiſon, agira donc davantage ſur cette portion ; d'où il ſuit qu'elle relevera les petits chaſſis, & ouvrira la rame, comme une perſiene, quand elle viendra de A en B, & qu'elle la fermera exactement, quand elle retournera de B en A.

Moyennant l'eſpece de tiſſu que les cordeaux font avec les lattes, les rames réunissent beaucoup de flexibilité à une solidité assez grande. Cette texture est très-avantageuse, & l'on verra qu'elle est plus que suffisante pour résister aux chocs de l'air, quand je parlerai du moteur.

Les rames portant par leurs pivots sur AB & FG, il me reste à donner des points d'appui à ces deux pieces. Pour cet effet, j'ai trois aérostats, un gros & deux petits. Le diametre du premier pourra être égal à la distance qui se trouvera entre FG & sa correspondante : il sera tellement proportionné, qu'il pourra porter le brancard BAXY, le char qui lui sera tressé de BY en QR, les voyageurs & le lest, plus, une partie du poids des rames. La destination des deux autres étant de porter l'autre partie du poids des rames, il faudra qu'ils soient combinés en conséquence. Tel est le moyen simple qui me servira à enlever ces grandes surfaces, à les tenir à mes côtés constamment en équilibre, à rendre leur poids absolument nul par rapport à moi, & leur mouvement infiniment plus facile que celui d'une porte sur ses gonds, puisque celle-ci n'étant portée que par l'une de ſes extrémités, éprouve néceſſairement des frottemens très-conſidérables, tandis que mes rames, ſoutenues également en BC & en FG, n'en éprouvent, pour ainſi dire, aucun.

Je puis dès-lors les regarder comme abſolument légeres, & leur donner même encore plus d'étendue & de ſolidité qu'elles n'en ont : tel eſt ſur-tout l'avantage de mon moyen.

Pour ſuſpendre ma machine à ſes aéroſtats, j'ai d'abord un poligone à 12 pans. 12 arcs de cercle faits d'un bois ſolide, & paſſés dans les dernieres mailles du filet du gros globe, de maniere à compléter exactement ce cercle, portent chacun dans leur milieu un cordeau qui vient aboutir à l'angle correſpondant du poligone placé au-deſſous à une certaine diſtance : celui-ci doit être conſtruit auſſi en bois, & avoir entre ſes angles oppoſés 5 pieds tout au plus. Il portera deux traverſes de 9 pieds, parallèles aux flancs du char, QB, RY, leſquelles enverront chacune 3 cordes longues de 8 pieds, qui s'attacheront ſur BQ & ſa correſpondante. Par ce moyen, les cordes ſuſpenſoires ſeront parallèles aux balanciers des rames, & ne les gêneront pas; le poligone entraînera les arcs de cercle d'une maniere égale, & ceux-ci forceront le filet à preſſer uniformément ſur le globe (*).

Sur la piece FG, je tends une bonne corde du point 1 au point 2; je l'y fixe bien ſolidement, & de ſon milieu 3, j'en fais partir une ſeconde qui va ſe réunir au filet de l'aéroſtat deſtiné à porter cette extrémité. Cette corde ſuſpenſoire gliſſera le long du diametre du gros globe; je la fais paſſer dans une rainure longue de 6 pieds, pratiquée en conſéquence avec un fort fil de fer ſur un des arcs de cercle qui terminent le filet du globe principal, perpendiculairement au-deſſus de 3 F : cette rainure & ſa correſpondante ſont comme deux anſes ajoutées au gros globe. Par ce moyen, l'une & l'autre corde ſuſpenſoire

(*) Il eſt aiſé de voir que le centre du gros globe répondra au centre des quatre rames, & d'en ſentir la raiſon.

pourra gliſſer de devant en arriere; elles ſeront unies au reſte, & leurs mouvemens ne ſeront pas gênés. Il faut auſſi que les deux petits aéroſtats ſurmontent l'autre au moins de 6 pieds.

La planche FG eſt donc bien placée aux deux tiers des rames; car, en les ſoutenant ſans qu'elles puiſſent ſe tourmenter, elles me donnent occaſion de diſpoſer avantageuſement les cordes ſuſpenſoires des petits aéroſtats.

Enfin, pour rétablir ſans ceſſe l'équilibre entre les trois globes, & leſter à volonté les deux petits, je ſuſpends aux balanciers des rames (fig. 1ere.) un cordeau D *1* de 12 pieds. A ſon extrémité eſt un poids, *1*, d'une peſanteur arbitraire : un autre cordeau embraſſe ce poids, remonte obliquement ſur la poulie 2 fixée à la traverſe FC, rampe le long de cette traverſe, paſſe en F ſur une ſeconde poulie, remonte le long du balancier, & rentre dans le char au point I. Il eſt évident qu'en tirant cette corde, je releverai plus ou moins le poids *1* vers la poulie 2; je le ferai conſéquemment plus ou moins peſer ſur le petit aéroſtat, & je ſerai maître de me donner l'équilibre le plus parfait : & d'ailleurs ce ne ſeroit pas quelques onces de plus qui empêcheroient la manœuvre, car je puis fixer aſſez les balanciers au char pour détruire cette différence.

La planche BH (fig. 2$^{e}$.) eſt maintenue horiſontalement au moyen d'un cordeau long à-peu-près comme IB, lequel part du point I, & porte à ſon autre extrémité une boucle ; celle-ci eſt reçue dans une courroie qui va paſſer ſur une poulie ſuſpendue au bout de la traverſe que porte le poligone, & qui redeſcend verticalement pour s'attacher aux flancs du char en B : en lachant cette courroie & en débouclant le cordeau, il ſera poſſible de laiſſer la piece HIKB tout-à-fait libre.

Les choſes diſpoſées comme elles le ſont dans la figure, je n'aurai plus qu'à faire mouvoir le tour LM alternativement d'un ſens dans un autre, pour déterminer le mouvement de la machine en avant. Reſte à décrire mes moyens pour le mouvement vertical.

Je commence par dégager de son demi-cercle le levier coudé fixé en O; je dégage également HB, & je fais tourner le pignon P jusqu'à ce que les rames, s'abaissant de A vers B, soient enfin dans la disposition horisontale; je fixe le pignon; je laisse engrainer le levier coudé, & mes rames se trouvent solidement disposées.

La figure 3^e^. représente la machine & ses aérostats coupés verticalement par les points *3*, *4* de la figure 2^e^. A, B représente la coupe des deux brancards; C, D, celle des deux planches d'appui de l'extrémité des rames. AE est une planche de 8 pieds de longueur, 3 pouces de largeur, 2 pouces d'épaisseur : sa largeur est dans le plan de la figure. Elle descend perpendiculairement au brancard, & s'unit à sa correspondante BF par des traverses solides *x*, *x*. GH est une barre bien fixée dans les traverses *x*, *x*, pointue en H, destinée à s'engager dans la terre, comme il sera dit ci-après.

Une corde attachée en C, c'est-à-dire, au point *3* de la figure 2^e^. passe sur une poulie en E, remonte dans le char, & vient ſe ramaſſer en I, ſur un tour IK, placé le plus près qu'il ſera poſſible du tour précédent, ſans qu'ils ſe gênent l'un & l'autre.

Une autre corde part du même point C, remonte en L ſur une poulie ſuſpendue au poligone, & vient ſe ramaſſer en ſens contraire ſur le même tour IK. Je n'ai donc plus qu'à faire mouvoir ce tour alternativement dans les deux ſens, pour faire monter & deſcendre les rames. La choſe ſera facile; car les petits aéroſtats monteront & deſcendront comme elles; elles ne péſeront rien pour moi dans aucun moment, & tout mon effort s'employera à fouler le fluide. Si l'on fait attention que la diſpoſition des rames eſt telle, que la réſiſtance de l'air doit les fermer en montant & les ouvrir en deſcendant, il ſera aiſé de ſentir que mon mouvement ſera déterminé verticalement de haut en bas.

Si j'avois une voile ployée ſur la traverſe BY (fig. 2e.), & que je la déployaſſe obliquement juſqu'au poligone, après avoir eu ſoin de mettre mon char contre le vent ma machine, en s'abattant, frapperoit l'air avec cette surface oblique ; je pourrois par ce moyen me soutenir contre le courant, & descendre par la perpendiculaire.

Je ne dois pas négliger de faire observer que deux montans de bois qui partent, l'un, du milieu de la traverse BY, l'autre, du milieu de QR, vont s'unir au poligone, & maintenir ainsi le parallélisme entre toutes les pieces qui sont au-dessous des aérostats. Enfin une grande voile triangulaire, fixée sur le montant qui part du milieu de QR, & qui a sa pointe appuyée sur AX, sert de gouvernail à mon char. Je puis faire mouvoir cette pointe sur AX, moyennant des cordeaux de renvoi qui aboutissent jusqu'à moi.

Je parlerai maintenant de la méchanique qui sert au mouvement des deux tours. La figure 4^e^. en représente la disposition. A est le tour destiné au mouvement vertical ; il est marqué en IK (figure 3^e^.) ; il a, de même que l'autre, un pied de diametre, & il est comme lui composé de deux pieces réunies par un pignon de 12 dents.

B eſt cet autre tour marqué en LM (fig. 2ᵉ.) deſtiné au mouvement horiſontal; C & D ſont les deux pignons.

E eſt une roue de 24 dents qui s'engraine dans le pignon C; elle porte à ſon centre un pignon, G, de 12 dents, qui s'engraine dans la roue L, mais qui peut gliſſer ſur ſon arbre, de maniere à tranſmettre à volonté le mouvement de la roue L au tour B. F, H, eſt une roue avec ſon pignon, diſpoſés l'un & l'autre comme E, G. Il eſt clair qu'en faiſant engrainer l'un des deux pignons, je ferai mouvoir à volonté l'un des deux tours; & comme la roue L portera 36 dents, il eſt clair encore que les tours feront 6 révolutions pour chacune des ſiennes.

La roue L aura beaucoup d'épaiſſeur; elle ſera dentée, comme ſi elle étoit formée de deux roues qui porteroient 18 dents ſur une moitié de leur circonférence, & qui ſeroient réunies & fixées enſemble de telle ſorte, que la partie vuide de l'une répondroit à la partie pleine de l'autre. 2 pignons I, K, de même diamètre & nombre de dents que G, H, s'engrainent dans ce ſecond rang des dents de la roue L; tandis que G, H, ne peuvent s'engrainer que dans le premier: conséquemment G, H, seront libres, quand I, K, tourneront, & réciproquement. Mais I, K, portent sur la partie de leurs arbres, qui répond à G, H, une roue de même diamètre & nombre de dents qu'eux, qui engraine ces pignons: il suit de-là que le mouvement se transmettra toujours de la roue L aux tours A, B; la seule différence qu'il y aura, c'est que, quand I, K seront libres, G, H tourneront en sens contraire à la roue L, & feront tourner I, K, au moyen des petites roues qui les engrainent, dans le sens de cette même roue L. Cependant, I, K s'engraineront à leur tour, & G, H deviendront libres; dès-lors le mouvement des pignons I, K sera, en sens contraire, de la piece L; & leurs petites roues faisant tourner G, H dans le sens de cette même piece, le mouvement des tours A, B sera changé, & pour une révolution de la roue L, ils en auront fait trois dans un sens & trois dans un autre.

Si j'ai soin maintenant de faire glisser sur

ſon arbre un des deux pignons G, H, j'interromprai, à volonté, le mouvement entre la roue L, & l'un des deux tours, & je rendrai la direction de la machine horiſontale ou verticale.

Je conſtruis une charpente liée avec les brancards & les planches A E, B F, (fig. 3^e^.) pour porter mes rouages; j'ajuſte une manivelle à la roue L, de telle ſorte que je puiſſe employer ma plus grande force lorſque j'en aurai beſoin; il eſt clair alors que, pour aller en avant ou deſcendre, les préparations préliminaires étant faites, je n'ai plus qu'à tourner cette manivelle dans un même ſens.

Après avoir décrit la diſpoſition de la machine, la texture des rames, & mes moyens pour les mouvoir, il me reſte à déterminer le moteur.

Je chercherai pour cela le degré de réſiſtance que la machine, miſe en mouvement, éprouve de la part de l'air; & pour y parvenir, j'établirai un calcul de comparaiſon entre l'aéroſtat & un corps de même poids qui ſeroit en équilibre dans l'eau. Si je repréſente par $a^3$ le volume du corps qui nage dans l'eau ; celui de l'aérostat nageant dans un fluide 800 fois plus rare sera représenté par 800 $a^3$. Leurs côtés générateurs, approchés jusqu'à deux décimales, seront $a$ pour le premier, & 9,29$a$ à-peu-près pour le second. Soit $x$ la surface de l'aérostat, & $b$ celle du corps en équilibre dans l'eau ; ces surfaces seront entr'elles comme les quarrés de leurs côtés générateurs : j'aurai donc $x : b :: 86,3041a^2 : a^2$, ou un peu moins $x : b :: 86a^2 : a^2 :: 86 : 1$ : conséquemment $x = 86b$ ; c'est-à-dire, que le volume de l'aérostat étant 800 fois plus grand que celui du corps en équilibre dans l'eau, il aura seulement 86 fois plus de surface. Mais la résistance du fluide sera 800 fois moindre pour lui : donc, à moteur égal, le mouvement de l'aérostat sera à-peu-près 9 fois plus facile que celui du corps semblable en équilibre dans l'eau.

Un batelet sur la Seine chargé de 12 hommes n'a besoin que d'un rameur : son poids peut égaler à-peu-près celui de ma machine. Il surnage à la vérité ; mais il déplace toujours un volume égal à son poids ;

& il eſt parfaitement dans ma ſuppoſition. Si donc j'imprime à ma machine une quantité de mouvement égale à celle que le rameur imprime à ſon batelet, ma vîteſſe ſera beaucoup plus grande.

Les rames du batelier ont 6 pieds depuis le flanc du batelet ſur l'extrémité qui frappe l'eau, & leur largeur eſt de 6 pouces : elles forment chacune une ſurſace de 3 pieds quarrés, c'eſt-à-dire, en tout, 6 pp. Mes rames ayant 18 pieds de long, ſi je les releve & les rabaiſſe auſſi ſouvent que lui, elles auront trois fois plus de vîteſſe : elles ſeront donc à cet égard comme ſi, avec la même longueur, elles avoient 3 fois plus de ſurface : leur largeur eſt de 12 pieds, leur ſurface réelle de 864 pp; celle qu'elles prendroient dans cette ſuppoſition, ſeroit conſéquemment de 2592 pp. En diviſant ce nombre par 6 pp, ſurface des rames du batelier, j'aurai 432 pour quotient; ce qui m'indique que mes rames ſeront 432 fois plus puiſſantes que les ſiennes. Le fluide étant 800 fois moins réſiſtant, il faudroit qu'elles euſſent 800 fois plus de priſe ſur lui pour produire une force impulsive égale. Mais si l'on observe que la force impulsive étant proportionnée au moteur, je ne ferai qu'un effort à-peu-près moitié de celui du batelier; que d'ailleurs celui-ci releve & rabaisse ses rames assez lentement pour me donner le temps de doubler ma vîtesse & d'employer en conséquence toute ma force, il sera clair enfin que je pourrai donner à ma machine une égale quantité de mouvement.

La résistance d'un fluide est égale à la masse frappée, multipliée par la vîtesse de la rame : mais la masse se forme de la surface de la rame & de la densité du fluide: dans le premier cas, nommant 800 la densité de l'eau, V, la vîtesse du batelier, A, la surface de ses rames, j'aurai, pour quantité de mouvement, 800AV. Dans le second, la densité de l'air sera 1, la vîtesse 2V, & le rapport de mes rames à celles du batelet 400A à-peu-près, j'aurai donc encore $1 \times 2V \times 400 = 800AV$.

Dans l'un & l'autre cas, la quantité de mouvement 800AV doit être égale à la vîtesse absolue, que prend en conséquence la machine, multipliée par la résistance du fluide. Nommant cette vîtesse absolue $v$ pour le batelet, $x$ pour l'aérostat; la surface du premier étant $a$, & $86a$ celle du second, les densités relatives seront encore 1 & 800. Mais la résistance du fluide, proportionnelle à la masse frappée, doit encore être ici proportionnelle à la densité multipliée par la surface : j'aurai donc enfin, dans le premier cas, $800 AV = 800av$, & dans le second, $800 AV = 86ax$; conséquemment $86ax = 800av$, & $x = \frac{800v}{86}$ : c'est-à-dire, que la résistance de l'air étant à-peu-près 9 fois moindre pour l'aérostat, comme je l'ai établi plus haut, sa vîtesse sera 9 fois plus grande (*).

Si j'ai bien procédé, & qu'en conséquence mon résultat soit exact, je pourrai suffire au mouvement de ma machine & produire un effet considérable. Mes rames cependant

---

(*) Comme la pression que les rames exerceront sur l'air, en se relevant, n'est pas absolument nulle, & que les frottemens des rouages seront aussi quelque chose, il en faut faire état. Mais on peut se dispenser de tenir compte du frottement des rames sur leurs balanciers, car il est à-peu-près nul.

& mes aérostats ne courront aucun risque de la résistance du fluide; puisque celle-ci, dans les deux sens, ne sera jamais qu'égale à ma force, & qu'elle sera constamment distribuée sur des surfaces très-grandes.

Je pourrois cependant doubler & même quadrupler le moteur; car je pourrois mettre quatre hommes autour de la roue L, sans les gêner mutuellement; & si en employant toutes leurs forces, le mouvement devenoit trop rapide pour qu'il fût possible, je pourrois encore mettre une roue dentée au-delà, modérer conséquemment leur mouvement, & leur donner le temps de communiquer aux rames tout l'effort. Je trouverois donc, dans la construction même de ma machine, beaucoup de ressources.

Un autre avantage dans cette construction, c'est que les rames, au moyen des cordeaux de renvoi qui les meuvent, sont assujetties contre les flancs du char, & maintenues parallèlement par des pieces solides. Elles ne peuvent ni se tourmenter, ni quitter le parallèlisme.

La résistance de l'air n'étant pas distribuée

buée également au-dessus & au-dessous du centre de gravité, il y aura en ceci un inconvénient; c'est que le char devancera les aérostats. La machine sera, dans ce cas, comparable à un vaisseau : la force motrice s'applique dans le milieu de sa mâture; la résistance se trouve dans le milieu de sa quille : la mâture, en conséquence, s'incline, & le vaisseau se meut dans cette situation. Pour bien apprécier cette comparaison, il faut observer que le vaisseau est une machine immense relativement au fluide sur lequel il est, & que la résistance est absolument nulle pour toute la partie qui est hors de l'eau; tandis que l'aérostat en éprouve une réelle à raison de ses surfaces au-dessus & au-dessous de son centre de gravité.

Les petits aérostats s'inclineront aussi; mais il arrivera deux choses; la premiere, c'est que la corde suspensoire étant obligée de s'arrêter dans sa rainure, perpendiculairement au-dessus de la rame du derriere, elle sera oblique depuis cet endroit jusqu'au point de suspension 3 (fig. 2$^{e}$.). A mesure que je rabaisserai les rames vers A, elle deviendra perpendiculaire, & l'aérostat reculant en conséquence, concourra avec la force motrice & tirera les rames dans le même sens qu'elle. La seconde, c'est qu'en relevant les rames, les petits aérostats seront tirés en avant & donneront, dans ce sens, une résistance à vaincre; ce qui me fournira l'avantage de donner au moteur le moyen de s'appliquer plus uniformément à la manivelle de la roue L : & d'ailleurs cette résistance ne nuira pas au mouvement de la machine; car si, par le mouvement des rames, les petits aérostats sont alternativement retardés & accélérés, le mouvement du reste est accéléré & retardé dans la même proportion : ce sont des quantités qui se détruisent.

Les tours ayant un pied de diamètre, ne ramasseront & ne déploieront successivement que 9 pieds de corde : j'éviterai par-là de rabattre les rames jusques sur le char, & de perdre, à fouler l'air dans une direction qui deviendroit enfin parallèle à la mienne, un temps que j'emploierai à les relever, & les rabattre une seconde fois.

Lorsque je voudrai me diriger vers un but déterminé, j'aurai soin de combiner tellement ma direction avec celle du vent, au moyen de mon gouvernail, qu'il en résulte constamment la direction dont j'ai besoin. Soit, par exemple, le char aérostatique en B, (fig. 5e.) soit en F le but où il faille le diriger. Supposons que le vent souffle de A en B & que sa vîtesse soit B D dans un temps donné; soit enfin la vîtesse du char égale à B E dans le même temps: je n'ai besoin, pour arriver en F, que de diriger le char de C vers E; car en complétant le parallèlograme sur les deux forces B D, B E, la diagonale sera B F (*).

---

(*) J'avois placé ici un moyen pour se diriger exactement au but sans beaucoup de travail; mais mon Rapporteur & l'expérience que j'en ai faite moi-même, m'en ont démontré l'inexactitude, & je n'en parlerai pas. J'ajoutois que, si ce moyen ne pouvoit pas réussir, il resteroit toujours la ressource de se diriger par les rivieres, les bois, les montagnes, les grandes routes, les villes, les villages; & plus généralement encore en prenant sa hauteur comme sur un vaisseau, & en jugeant des longitudes par approximation.

Enfin, lorſqu'on voudra quitter la machine, on forcera de rames, après l'avoir abattue, pour tâcher d'engager dans la terre la pointe H, (fig. 3e.) de la barre G H. Les voyageurs, que je ſuppoſe être au moins quatre, mettront tous la main à l'œuvre. Deux ſe tiendront à la manivelle, & rameront ſans ceſſe de bas en haut, pour contenir la machine; les deux autres jetteront une échelle de cordes à chaque extrémité du char; ils deſcendront, &, ſans quitter l'échelle, ils poſeront en travers une petite planche ſur le dernier échelon qui doit toucher terre. Ils fixeront cette planche à ſes extrémités, en enfonçant obliquement à coups de marteau, dans des trous qui y ſeront pratiqués, de longues broches de fer qui entreront profondément dans la terre. Ils quitteront alors l'échelle, chercheront aux environs un leſt égal à tout ce qu'ils voudront débarquer. Les autres deſcendront, & ils conduiront alors la machine comme bon leur ſemblera.

Réſumons. Le char aéroſtatique, au milieu des airs, eſt dans un équilibre parfait;

ſes différentes pieces, & ſur-tout ſes rames, ſont tellement diſtribuées & ſoutenues, qu'elles ſont très-mobiles, & que leur poids eſt nul pour la force motrice. Les rames ſont compoſées de maniere à pouvoir tout gagner dans un ſens, & à ne perdre, dans l'autre, que le moins poſſible; elles ſont proportionnées à la rarité du fluide; leur mouvement de rotation ſur leurs balanciers les rend capables de ſe mouvoir parallèlement à elles-mêmes; leur ſecond mouvement de rotation ſur leurs pivots permet de les incliner à volonté, & de les diſpoſer horiſontalement ou verticalement: je puis, en un mot, avec cette méchanique, avancer, deſcendre & me diriger; à moins que mes calculs ne pêchent par quelque côté qu'il me ſoit impoſſible d'appercevoir.

Telles ſont les idées que j'avois à préſenter à l'académie ſur la maniere de diriger les aéroſtats. Sur quoi je dois ajouter qu'en portant mes vues ſur le côté méchanique de mon ſujet, je n'ai pas négligé d'en examiner les autres faces; c'eſt-à-dire, celles par leſquelles une pareille machine influeroit ſur le corps politique. Perſuadé que, quelle-qu'ingénieuſe que ſoit une découverte, elle n'eſt qu'un réſultat que la nature confie à l'honnête homme ſous le ſceau du ſecret, ſi les conſéquences en peuvent être funeſtes, j'avois d'abord craint que celle qui fait tant d'honneur à M. de Montgolfier ne portât ce caractere. Mais en réfléchiſſant à la grande dépenſe qu'elle occaſionne, au terrein qu'elle occupe, à l'uſage borné qu'on en peut faire à moins de la rendre immenſe, j'ai ſenti que cette machine ne ſeroit jamais qu'une piece uniquement propre à des ſouverains ou à des ſociétés ſavantes; qu'il ſeroit poſſible au gouvernement d'en permettre ou d'en défendre l'uſage, & d'en prévenir facilement les abus. Je me ſuis livré ſans réſerve au plaiſir d'en admirer l'inventeur, & je n'ai pas héſité de concourir moi-même à ſa gloire de toutes mes forces, en cherchant à perfectionner ſa découverte.

Lorſque je me ſuis interrogé ſur la maniere de s'en ſervir, j'ai cru qu'elle pourroit être utile dans les voyages difficiles, ſoit à cauſe des fleuves qu'il faut traverſer, des montagnes qu'il faut gravir, &c. Mais ſon uſage le plus étendu, celui par lequel elle mériteroit réellement de faire époque dans l'hiſtoire des ſciences, ce ſeroit dans les voyages par mer. Des ſavans portés par ſon moyen légèrement & ſans ſecouſſe, pourroient aller reconnoître la face du globe. Voyageant quand le vent ne ſeroit pas contraire & trop fort, mettant pied à terre dans la premiere iſle, quand ſon impétuoſité les empêcheroit d'avancer au-delà; ils pourroient, dans peu de temps, ſe porter d'un pôle à l'autre; parcourir les déſerts de l'Afrique; planer ſur ces contrées affreuſes, peuplées peut-être de barbares, dans leſquelles juſqu'ici nul homme n'a oſé pénétrer; diriger leur courſe en Aſie; viſiter en paſſant le Turc, le Tartare, le Chinois; franchir la barriere qui ſépare le Japonois du reſte du monde, dédaigner les menaces du deſpotiſme, le rendre plus ſtupide encore en le forçant d'admirer, & l'obliger, pour la premiere fois, à dépouiller l'orgueil, à accueillir les ſciences & à reſpecter l'homme. Aucun peuple ne seroit oublié; ses mœurs seroient mieux étudiées, les productions du sol parfaitement reconnues, la hauteur des montagnes mesurée, &c. L'histoire naturelle, la morale, la politique, toutes les sciences, en un mot, seroient éclairées d'un même trait.

On pourroit aller s'abattre en Amérique, au milieu des restes d'un peuple simple, s'il en est encore quelques-uns que les fleuves, les montagnes & les bois aient pu défendre du commerce des Européens. Le philosophe enfin verroit par lui-même, & saisiroit peut-être dans toute la vérité de la nature les traits primitifs de l'espèce. N'ayant à craindre, dans sa machine, ni les lions, ni les tigres, il ne risqueroit rien de plus des sauvages en descendant au milieu d'eux : il leur en imposeroit par sa pompeuse arrivée; & pour peu que son ame douce & bienfaisante sauroit flatter un peuple simple & déjà subjugué, il en seroit chéri comme un Dieu descendu du ciel pour consoler la nature. Qui sait même si, en examinant leurs usages, leurs constitutions politiques, il ne pourroit pas, ſans riſquer de les corrompre, corriger dans un inſtant les abus, détruire la ſuperſtition, verſer les bienfaits ſur ſa route & connoître la plus douce jouiſſance du cœur, celle d'être béni par ſes ſemblables? Peu d'hommes ſuffiſant à ſon équipage & tous étant philoſophes, tous contribueroient à l'ouvrage. Tels ſeroient les monumens élevés à la gloire de l'inventeur de la machine aéroſtatique. Mais à qui pourroit-on confier cette tâche ſublime? Quel ſeroit le ſage aſſez inſtruit dans la connoiſſance du cœur de l'homme, & aſſez maître de ſes paſſions pour oſer l'entreprendre? Que ce plan ſeroit vaſte! qu'il ſeroit glorieux pour moi d'avoir contribué à le réaliſer! Il me ſuffit de l'avoir tenté : j'attendrai dans le ſilence ce que des juges éclairés doivent décider de mes calculs, & j'apprendrai d'eux ſi je puis, ſans indiſcrétion, m'abandonner à tous les avantages d'intérêt & de gloire que leur juſteſſe promettroit ſans doute à ma patrie.

*Fin du Mémoire.*

---

APRÈS avoir envoyé mon ouvrage à M. de Condorcet, je reſtai juſqu'à la fin de février ſans faire aucune démarche. Dans cet intervalle, MM. Blanchard & Miollan ouvrirent leurs ſouſcriptions : ils ne parloient pas de leurs moyens : mais puiſque je croyois en avoir trouvé un, je pouvois les ſuppoſer dans le même cas, & je n'eſpérois plus d'autre avantage que celui de l'antériorité. Je me flattois cependant que l'académie me ſauroit gré de m'être conduit autrement qu'eux, & qu'elle me traiteroit en conſéquence le plus favorablement qu'il lui ſeroit poſſible. Ce fut ſur-tout cette idée qui me retint dans l'inaction.

Le 27 février, j'écrivis enfin à M. le marquis de Condorcet, qu'en conſéquence d'un billet que j'avois reçu de lui, j'avois eu l'honneur de lui adreſſer mon mémoire ſur la maniere de diriger l'aéroſtat, pour qu'il ſoit examiné par l'académie; que flottant depuis cet inſtant entre l'eſpérance de le voir accueilli & la crainte de m'être trompé, doutant même quelquefois si ce mémoire lui étoit parvenu, je n'avois su que m'épuiser en vaines conjectures; que je le priois de faire cesser mon incertitude, en m'apprenant s'il étoit entre les mains de l'académie, & ce qui en avoit été décidé.

« Il pourroit se faire, lui disois-je, que » mes calculs auroient été trouvés inexacts. » Dans ce cas sur-tout, je vous prierois de » m'en instruire : cet objet m'occupe jus- » qu'à me faire perdre un temps précieux : » vous me rendriez un grand service en me » mettant dans le cas de n'y plus songer.

» Si, comme je le desire au contraire, » l'académie avoit trouvé mes moyens plau- » sibles, mais qu'elle ne voulût prononcer » que d'après l'expérience, & qu'elle s'ar- » rêtât à la difficulté de faire exécuter une » machine dispendieuse, je pourrois lui » faire une proposition qui peut-être ne lui » déplairoit pas : ce seroit d'imprimer mon » mémoire avec son agrément, de mettre » par-là le public à portée de juger & d'ou- » vrir en même-temps une souscription » entre les mains d'une personne connue :

» je la fermerois quand j'aurois la somme » nécessaire à l'exécution de ma machine ; » je mettrois le tableau de ma recette & » de ma dépense sous les yeux du public, » pour être en regle, & l'expérience se fe- » roit spécialement aux yeux des souscrip- » teurs, qui seuls auroient des billets à » raison de leur mise. La machine leur ap- » partenant comme à moi, ne pourroit être » en propre à personne : mais je me réser- » verois le droit d'en disposer au nom de » tous, & je la déposerois entre les mains » du gouvernement (*). J'aurois rempli ma » tâche, & trouvé dans le succès la seule » récompense à laquelle je puisse prétendre ; » le plaisir d'avoir réussi.

---

(*) Il y avoit à l'occasion de cette phrase, dans le supplément à mon mémoire : un problême de cette importance résolu, seroit de la derniere conséquence pour le gouvernement ; car il introduiroit un ressort de plus dans le corps politique. Il seroit donc du devoir d'un citoyen d'appeller vers cet objet l'attention du législateur, & d'attendre dans l'inaction que la loi fût faite pour s'y conformer. En terminant par-là la proposition que je faisois à l'académie dans la lettre adressée à M. de Condorcet, je n'ai donc voulu rien dire autre chose, sinon que je ferois mon devoir.

» Il pourroit ſe faire encore que l'académie jugeant mes moyens bons, deſireroit de les éloigner, de peur de rendre la découverte de M. de Montgolfier funeſte. Si la fin de mon mémoire eſt inſuffiſante pour diſſiper ſes craintes, je puis affirmer hardiment que je ſuis autant que tout autre dans le cas d'acquieſcer aux raiſons qu'elle pourroit m'oppoſer, & qu'il eſt même eſſentiel que j'en ſois inſtruit. Traiter le mémoire, comme ſi les moyens n'étoient pas praticables, ce ſeroit laiſſer à l'auteur les occaſions d'être indiſcret, ſans qu'on pût lui en faire un crime, & le mal ne ſeroit prévenu qu'à moitié, ou, pour mieux dire, on ne l'auroit retardé que de bien peu : agir franchement avec lui, c'eſt à la vérité mettre en oppoſition l'intérêt perſonnel avec le général ; mais c'eſt auſſi lui fournir l'occaſion de ſe montrer honnête homme dans la circonſtance la plus délicate, & tout peſé, je ne penſe pas qu'il faille balancer. Nous ſommes à la veille d'une expérience qui paroît devoir ruiner mes

» prétentions (*); je vous ſupplie, monſieur, » d'examiner ma conduite depuis le mo- » ment qu'elle eſt annoncée. En effet, mon » cœur me rend ce témoignage, que j'ai » deſiré de réuſſir aſſez pour voir avec » quelque peine le ſuccès d'un concurrent, » mais pas aſſez pour former contre lui le » moindre vœu qui bleſsât l'honnêteté. » Ce fait eſt près de vous, monſieur; il » peut vous ſervir à apprécier mes prin- » cipes, & à juger de ce que l'académie » riſqueroit en s'expliquant ouvertement » avec moi ſur le danger de la direction » des machines aéroſtatiques.

» Dans tous les cas, monſieur, veuillez » m'honorer, le plutôt que vous pourrez, » d'un mot de réponſe, & permettez-moi » de me dire avec reſpect, &c. ».

Le 5 Mars, l'expérience de M. Blanchard ayant eu lieu, & craignant que ce qu'il annonçoit ſur la direction, ne nuiſit à ma théorie, je pris occaſion du ſilence de M. de Condorcet pour lui écrire de recheſ.

(*) L'expérience de M. Blanchard.

J'expliquois comment il étoit possible que M. Blanchard eût paru se diriger ; je faisois sentir qu'un ballon n'étant pas exactement sphérique, pouvoit par cette raison quitter, en s'élevant, la direction du vent ; que s'arrêtant ensuite dans une athmosphère calme, la même cause le feroit monter par une ligne oblique toutes les fois que les voyageurs jetteroient de leur lest & voudroient monter davantage ; que, dans cette supposition très-plausible, le char paroîtroit se diriger, &c.

J'annonçois que j'avois un supplément à faire à mon mémoire, & que je ne balançois à livrer cette nouvelle piece que dans la crainte trop fondée de n'avoir plus à compter sur mon ouvrage ; j'ajoutois en *post-scriptum* :

« Se pourroit-il que l'académie eût pris » tiédement mes propositions, & qu'elle » eût différé jusqu'ici l'examen du mémoire? » les délais peuvent cependant me nuire » beaucoup. Il m'importe si fort de ne pas » être prévenu ! Verroit-elle sans intérêt » celui qui s'adresse à elle, qui la prend

» pour juge, qui s'oblige à douter de sa » théorie jusqu'à ce qu'elle ait prononcé? » Laisseroit-elle avec indifférence le temps » de réussir le premier, à quiconque n'é- » coutant que la saillie de son imagination, » n'auroit d'autre avantage que sa confiance » dans ses moyens; & la hardiesse de les » exécuter sans consulter les savans? Le » penser un moment, ce seroit blesser la » délicatesse de l'académie. Cependant, » monsieur, j'ignore absolument comment » elle a procédé ».

Deux jours après que cette lettre fut remise, je me présentai chez M. de Condorcet, & j'en reçus la lettre suivante.

« Monsieur, votre mémoire a été remis » à l'académie, comme un très-grand » nombre d'autres, & il a été nommé des » commissaires pour l'examiner : comme » le nombre de ces mémoires est très-con- » sidérable, le rapport pourra encore tarder » quelque temps.

» L'académie n'a fait aucune attention » aux prétendus inconvéniens que la facilité » de diriger les aérostats auroit pour la » société

» ſociété. Nous ſommes convaincus que
» plus les hommes connoîtront de vérités
» & auront des moyens d'agir, mieux ils
» voudront & plus ils ſeront heureux. Rien
» ne peut être dangereux en ce genre,
» pourvu qu'on y donne de la publicité.

» Agréez, &c. le marquis de Condorcet ».

*Paris, ce 7 Mars 1784.*

Il étoit donc clair que j'avois fait inutilement mon poſſible pour qu'on examinât mon mémoire, & que juſqu'alors il n'en avoit pas été queſtion. Je fis mon ſupplément, & je le portai ſur le champ à M. de Condorcet, en le priant de le joindre à mes autres pieces.

J'appris quelque temps après, que les commiſſaires nommés étoient M. Thénon, chirurgien, & M. Meuſnier, officier au corps royal du génie. Je pris le parti de m'adreſſer directement à eux; & vers le 12 Mars, ayant rencontré M. Meuſnier à la ſortie d'une ſéance de l'académie, je le priai de me donner quelque nouvelle de mon ouvrage. Il me répondit que tous ces objets le regardoient perſonnellement; qu'il en étoit nommé rapporteur ; que mon mémoire venoit ſeulement de lui être remis, parce que M. Thénon, à qui il l'avoit demandé il y avoit *quatre jours*, avoit voulu *en prendre connoiſſance*, mais qu'il alloit s'en occuper, & que dans huit jours au plus tard mon rapport ſeroit fait.

Je donnai près de quinze jours à M. Meuſnier avant d'aller l'importuner. Je retournai chez lui ſeulement alors pour le prier de me dire s'il avoit pu me tenir ſa promeſſe. Cette entrevue mérite quelqu'attention.

Je reçus l'accueil le plus flatteur. M. Meuſnier me fit la grace de me dire qu'il avoit lu mon mémoire avec beaucoup d'attention, & même avec beaucoup de plaiſir ; que ma théorie étoit la véritable ; que j'avois même fait un calcul de comparaiſon qui lui avoit paru fort ingénieux (ce ſont ſes termes) ; qu'il n'avoit pas encore fait mon rapport, par la raiſon que l'ouvrage méritoit bien qu'il s'en occupât ſérieuſement ; qu'il vouloit que ſon travail répondît au mien, & qu'il lui falloit le temps d'y réfléchir. Nous approchions des vacances de

Pâques; il me laissa entendre que ce terme étoit bien court, & je me gardai fort alors de le presser vivement.

« Cependant, ajouta-t-il, je ne suis pas » d'accord avec vous sur tous les points »; & là-dessus, prenant mon mémoire, il me fit contre quelques pieces accessoires plusieurs observations desquelles je profitai: il finit par m'objecter qu'en multipliant les aérostats, je multiplioìs les chances contre moi; que jusqu'ici les enveloppes avoient toujours crevé, & qu'enfin *il m'étoit possible de suspendre les rames à l'extrêmité du diametre du gros globe*. Je levai ces objections le mieux qu'il me fut possible dans une conversation rapide, mais pas assez pour le convaincre tout-à-fait.

M. Meusnier me demanda si je prétendrois faire exécuter ma machine: sur ce que je répondis que, si elle étoit praticable, je desirerois ne pas perdre les avantages qui pourroient m'en revenir, il m'observa que *cette circonstance rendroit la décision de l'académie d'autant plus délicate*. Je lui parlai de la proposition que j'avois faite à

M. de Condorcet, en date du 28 Février : il la trouva raisonnable, & nous nous quittâmes.

J'étois, comme on peut penser, très-satisfait de cette démarche. Suivant mon rapporteur qui venoit de lire mon mémoire avec attention, l'académie ne pouvoit décider qu'après avoir pesé mûrement ! La chose méritoit un examen sérieux ! Elle étoit donc raisonnable jusqu'à un certain point. D'un autre côté, plus je songeois aux objections qu'il avoit faites contre mon principal moyen, plus je les trouvois foibles & faciles à renverser. Il étoit cependant à-peu-près clair qu'après avoir examiné attentivement, il n'en avoit pas de plus fortes à faire. Je résolus donc de le convaincre par une lettre : le contenu fera juger de la nature des objections.

« Monsieur, d'après ce que vous m'avez
» observé hier sur mon mémoire, per-
» mettez-moi de soumettre à votre examen
» quelques réflexions. Je tâcherai de ne pas
» abuser de votre temps.

» *Le gaz inflammable*, m'avez-vous dit,

» *ſe dilate à meſure que le globe s'éleve ;*
» *d'où il ſuit que, quelque ſoit l'excès de*
» *peſanteur d'un pareil volume d'air, le*
» *globe s'éleve juſqu'à ce que ſa capacité*
» *ſoit abſolument pleine. Il continue de*
» *monter encore ; & la dilatation ne pou-*
» *vant plus ſe faire, le gaz reſte comprimé*
» *dans ſon enveloppe. Le globe, réduit par*
» *ce moyen à un volume invariable, ren-*
» *contre enfin une couche d'air dans laquelle*
» *il déplace un volume d'une peſanteur égale*
» *à la ſienne : telle eſt la cauſe de l'équilibre.*

» Je croyois à la vérité que le gaz ſe di-
» latoit à meſure que le globe montoit :
» mais, monſieur, j'avois préſumé que cette
» dilatation ne ſe faiſoit pas proportion-
» nellement à celle des couches d'air par
» leſquelles il paſſoit : ſon extrême rarité
» me faiſoit ſoupçonner qu'il étoit moins
» *expanſible* que l'air. Si l'expérience a dé-
» menti mes ſoupçons, qu'en faudra-t-il
» conclure déſormais ? Rien autre choſe ſans
» doute ſinon, que la plus ou moins grande
» aſcenſion ne dépendra plus, comme je
» l'avois établi, du plus ou moins grand

» excès de légereté; mais ſeulement de la » capacité du globe. Alors il ſuffira de » fournir du gaz juſqu'à ce que la machine » ait acquis le plus petit excès de légereté » poſſible; elle s'élèvera néceſſairement; & » le gaz ſe dilatant dans la proportion des » couches d'air, la même différence de pe- » ſanteur ſubſiſtera toujours. L'enveloppe » ſe déploiera de plus en plus, juſqu'à ce » qu'enfin elle ait pris la forme ſphérique: le » gaz alors réagira contr'elle, & la compreſ- » ſion aura lieu; mais comme elle doit ſe » borner à détruire la différence de peſan- » teur, elle ſera néceſſairement très-petite: » & ſi l'on obſerve qu'elle ſera diſtribuée » ſur tous les points de la ſurface de l'en- » veloppe, on pourra la regarder à-peu-près » comme nulle, & le globe ne courra aucun » riſque d'éclater.

» Dans ma premiere ſuppoſition, je pou- » vois proportionner les aéroſtats de telle » ſorte, qu'à leur plus grande hauteur, ils » n'auroient jamais été pleins: j'évitois » par-là l'inconvénient de la rupture de » l'enveloppe. Dans cette nouvelle maniere

» d'envifager la chofe, j'aurai donc encore » un moyen auffi efficace de prévenir cet » accident.

» A la vérité, le gaz inflammable fait » contre l'hémisphère fupérieur du globe » un effort affez grand pour enlever le char » & ce qu'il contient, c'eft-à-dire, un poids » confidérable. Mais le filet auquel le char » eft fufpendu fait extérieurement un effort » égal : l'enveloppe comprimée ainfi entre » deux forces contraires qui fe détruifent, » n'eft tourmentée par aucune; elle ne fau» roit fe rompre; & le voyageur, porté par » une auffi frêle machine, ne court dans le » fait aucune chance, s'il a eu foin de bien » proportionner fes agens. En effet, fi le » globe pouvoit éclater autrement que par » une dilatation trop grande du gaz inflam» mable, je ne concevrois pas pourquoi cet » effet n'auroit pas lieu dans le premier » moment de l'afcenfion.

» Je ne triplerai donc pas le danger en » me fervant de trois aéroftats, puifque » j'aurai le moyen de le rendre nul à tous » égards.

» D'ailleurs, je pourrois encore disposer » les choses de maniere à ne rien risquer » que de la part du gros globe : je n'aurois » qu'à faire mes petits aérostats plus grands » qu'il ne faudroit. Le gros globe étant » gonflé long-temps avant eux, feroit seul » éprouver à son gaz toute la compression » nécessaire pour détruire la différence de » pesanteur de la machine entiere : l'équi- » libre auroit lieu sans que les petits globes » soient remplis, c'est-à-dire, sans qu'ils » soient déployés; car, quelque soit le vo- » lume du gaz, il n'y a jamais de vide. Mais, » je le répete, il ne faut qu'une précaution » fort simple pour voyager en sûreté : tout » consiste à ne pas vouloir monter trop » haut.

» J'insiste sur cet article; car je ne crois » pas, monsieur, que je puisse me passer » de mes deux petits aérostats. La disposi- » tion dont vous me parliez hier, me pa- » roît impossible ou vicieuse. Impossible » d'abord, si je suspens les rames à l'extré- » mité du gros globe; car, dans leur mou- » vement horisontal, il faudroit que les

» cordes suspensoires s'allongeassent & se » raccourcissent alternativement, le point » de suspension supérieur n'étant pas dans » le plan de leurs centres de rotation. Vi» cieuse enfin, si je ramene obliquement » les cordes, & que je les suspende au» dessus des balanciers; car cette puissance » très-oblique ne soutiendroit pas assez » l'extrémité des rames, elles courroient » risque de baisser beaucoup sans que je » pûsse y remédier : d'un autre côté, elles » assujettiroient trop fortement les rames » contre les flancs du char, & rendroient » le mouvement des charnieres très-diffi» cile, pour ne pas dire impossible. Enfin, » les cordes suspensoires, en croisant les » rames, gêneroient le mouvement des » petits chassis, ou du moins empêche» roient d'incliner les rames pour descendre.

» Et d'ailleurs, si je ne pouvois plus » descendre qu'en inclinant les rames, » comme vous me le proposiez, sous l'angle » de 45 degrés, & en les mouvant avec » le tour horisontal, je me priverois au » moins des trois quarts de mes moyens :

» ce choc oblique n'agiroit que foible-
» ment dans la direction verticale. Or, le
» mouvement est plus difficile en ce sens;
» car, outre la résistance de l'air, qui est la
» même que dans le mouvement horison-
» tal, il faut que je surmonte sans cesse la
» puissance qui tend à reporter ma machine
» au point d'où je la fais descendre.

» J'ai toujours regardé mes deux petits
» aérostats comme ma piece essentielle,
» & je présume, monsieur, que vous pen-
» serez comme moi, quand vous voudrez
» faire attention à la simplicité qui en ré-
» sulte, aux grands effets que je puis pro-
» duire par leur moyen, & à la véritable
» valeur des dangers auxquels on s'expose
» en multipliant ces agens.

Telle étoit la substance de cette lettre, à quelques observations inutiles près. Je la terminois en priant M. Meusnier de s'occuper de mon rapport le plutôt qu'il pourroit.

Pendant tout le temps que cet objet m'a occupé, si j'ai éprouvé quelque plaisir, ce fut sur-tout à cette époque. J'avois, à ce que je croyois, renversé les seules objections qui pouvoient m'être faites : j'entrevoyois dès-lors la réussite la plus complette.

Le lendemain de la seconde séance après la rentrée de Pâques, je me hâtai de retourner chez M. Meusnier, dans l'espérance que mon rapport m'alloit être remis, & que j'allois apprendre mon succès. Quelle fut ma surprise, lorsque M. Meusnier me dit que ma lettre avoit besoin d'explication; qu'il étoit bien aise de me voir pour l'examiner avec moi; qu'enfin mon rapport n'étoit pas même commencé!

M. Meusnier débuta par attaquer mon calcul de comparaison, en avançant que, d'après les auteurs qui avoient traité ces objets, la vîtesse de l'aérostat seroit seulement trois fois plus grande que celle du batelet. J'admis cette conséquence sur sa parole : nous reprîmes ma lettre & nous en fîmes la lecture.

Je ne rendrai pas compte de quelques-unes de mes observations, qu'il détruisit réellement, ne les ayant pas jointes à l'extrait de ma lettre. Il me suffira de dire que j'avois en même-temps donné mes doutes ſur leur exactitude; qu'elles ne portoient que ſur des choſes très-acceſſoires, & que j'avois même terminé en laiſſant M. Meuſnier maître de n'en pas faire état.

Nous nous occupâmes de l'eſſentiel; & après quelques éclairciſſemens que je n'aurois jamais ſuppoſés néceſſaires, il me ſembla que j'avois enfin démontré la choſe avec évidence. M. Meuſnier n'en inſiſta pas moins ſur la ſuppreſſion des deux aéroſtats; & ſa nouvelle objection fut qu'il étoit poſſible de les incliner ſur les flancs du char, de telle ſorte, qu'en ſuſpendant l'extrémité des rames au gros globe, le plan de leurs balanciers paſſeroit par le point de ſuſpenſion; ce qui mettroit les cordes ſuſpenſoires dans le cas de ne plus s'allonger & ſe raccourcir ſucceſſivement, quand on feroit mouvoir les rames. Il me promit mon rapport dans huit jours, ajoutant que je n'aurois même plus beſoin de revenir; qu'il me ſuffiroit de l'aller prendre chez M. le marquis de Condorcet; que j'étois ſûr de l'y trouver. Je le quittai dans le deſſein de répondre promptement à l'objection qu'il m'avoit faite, & je me gardai bien de perdre patience.

Je commençois, dans cette seconde lettre, par admettre, d'après lui, l'inexactitude de mon calcul de comparaison; le priant seulement de faire de nouveau attention à la grande étendue de mes rames & au moyen que j'avois de quadrupler le moteur. J'ajoutois :

« Quant à la suppression des deux aérostats, je la crois, monsieur, plus que » jamais impossible. En disposant les rames, » comme vous me le proposiez, elles se » croiseroient sous le char, & se gêneroient » mutuellement. A la vérité, le point de » suspension seroit dans le plan des balanciers; mais en faisant agir les rames, le » point d'appui des extrémités n'étant pas » dans la ligne horisontale avec celui de » l'autre côté, il se releveroit & descenderoit alternativement (*) : les rames, en

(*) Une porte dont les gonds ne seroient pas, à beaucoup près, dans la ligne d'à-plomb, s'ouvriroit difficilement, &

» conséquence, péseroient sur la force mo» trice. Si je me suis applaudi de quelque » chose, c'est d'avoir imaginé ces aérostats » suspensoirs. J'ai cru ces agens propres à » permettre de proportionner les rames à » la rarité du fluide & à rendre leur poids » nul pour le moteur, de maniere qu'il soit » possible de les mouvoir avec la vîtesse » convenable : & je vous le répete, mon» sieur; hors la découverte de ce moyen, » je regarderois volontiers le reste de ma » méchanique comme une pure bagatelle.

» Je me repose, monsieur, sur la pro» messe que vous m'avez faite ce matin, & » vous prie de me croire, &c. »

J'allai chez M. de Condorcet quatre jours plus tard que M. Meusnier ne me l'avoit indiqué. Le résultat fut que j'avois inutilement compté sur sa promesse; & j'appris, pour surcroit, que l'académie étant sur le point de s'occuper uniquement, pendant quinze jours ou trois semaines, d'objets

---

tendroit toujours à retomber dans la situation suivant laquelle la ligne de son centre de gravité se trouveroit dans son plan.

qui lui étoient particuliers, M. Meusnier ne retrouveroit l'occasion de présenter mon rapport qu'après cet intervalle; en supposant qu'en effet il voudroit enfin se donner la peine de s'en occuper. Je laissai donc ce nouveau délai à M. Meusnier, & je ne retournai chez lui qu'au bout de trois semaines.

En faisant l'éloge de mon calcul de comparaison, la premiere fois que j'eus l'honneur de le voir, & en en attaquant dans la suite le résultat, il avoit ajouté quelquefois que lui-même avoit fait un calcul qu'il avoit lu à l'académie dans le courant de Janvier; mais qu'au lieu de comparer, ainsi que moi, à égalité de poids, il s'étoit contenté de comparer à égalité de rameurs. M. Meusnier n'avoit jamais été au-delà. Dans cette derniere visite, il m'annonça enfin que, d'après le même calcul, mes rames remplissoient bien le but desiré, mais qu'elles étoient de beaucoup trop étendues; *qu'on pouvoit produire à-peu-près le même effet avec des rames de cent pieds quarrés*; qu'il seroit possible de les adapter au char, sans avoir besoin, pour leurs extrémités, de ballons suspensoirs; ce qui feroit une machine beaucoup plus simple, presqu'aussi puissante, & conséquemment préférable.

Il ajouta que l'académie avoit même fait construire des rames de cette étendue sur le modele qu'il en avoit fourni, qu'on les avoit essayées, & qu'elles alloient très-bien.

Je ne me permis là-dessus aucune réflexion; je ne me demandai pas comment il se pouvoit que cette machine, plus simple que la mienne, & capable de résoudre un problême si intéressant, n'eût pas encore paru; pourquoi, depuis le mois de Janvier que le calcul en étoit fait, il n'en avoit pas encore été question; s'il étoit vrai que toutes les machines à rames, sans mes agens, seroient toujours bornées, comme celle de M. Blanchard, que chacun s'obstine à trouver insuffisante; si ce calcul & ses résultats s'accordoient avec ce que M. de la Lande avoit inséré dans le journal de Paris à-peu-près vers le même temps; si enfin il étoit possible de s'expliquer en conséquence d'une maniere satisfaisante, le contenu du rapport de l'académie touchant les aérostats imprimé

primé auſſi dans le commencement de Février. Je ſuppoſai que M. Meuſnier ne vouloit pas me tromper, & dès-lors je n'eus plus la moindre eſpérance de ſuccès. Il me montra ſon calcul, & me preſſa de le ſuivre avec lui. Ses opérations m'échapperent; car elles étoient longues & compliquées: peut-être même m'eût-il été impoſſible de les ſaiſir, n'ayant jamais fait de cet objet ma premiere occupation. M. Meuſnier me perſuada donc ſans me convaincre, & il ne fit pas dès-lors difficulté de répéter après moi, que, mes petits aéroſtats étant ſuperflus, le reſte de mon mémoire n'étoit pas abſolument intéreſſant; car je n'étois pas, par exemple, *l'inventeur de ma théorie, & mes moyens d'ailleurs étoient connus, puiſqu'il avoit lui-même imaginé des rames comme les miennes.* Mon premier mouvement fut de croire mon rapport inutile, & je voulus un moment qu'il n'en fût plus queſtion.

M. Meuſnier joignit à ſon calcul une nouvelle objection contre mes petits aéroſtats. Dans le principe, je faiſois paſſer la corde ſuſpenſoire de l'extrémité des rames, dans un anneau fixé au cercle du filet du gros globe, au lieu d'une rainure; il en trouva le ſujet dans cette diſpoſition (*). Il me laiſſa cependant encore maître de mon rapport; il m'engagea à y réfléchir, ajoutant que, *ſi je ne voulois pas que ce rapport fût fait, j'aurois le ſoin de le lui écrire;* qu'alors ſeulement il s'en diſpenſeroit.

Mécontent de moi-même, n'oſant former aucune conjecture, regrettant un temps précieux que j'avois abſolument perdu, ſoit en m'occupant ſans ceſſe de mon objet, ſoit en faiſant des démarches continuelles, je ne ſavois quel parti prendre. J'écrivis enfin à M. Meuſnier:

Que je le croyois, non pas parce qu'il m'avoit convaincu, mais parce qu'il m'avoit ſemblé qu'il n'avoit pas voulu me tromper;

---

(*) Je ſuppoſe que le calcul de M. Meuſnier fournit une objection ſolide contre mes petits aéroſtats. Mais pourquoi revenir ſi ſouvent contr'eux, & le faire ſur-tout d'une maniere ſi foible dans les autres cas?... Cette nouvelle objection de M. Meuſnier m'a ſervi; j'ai ſubſtitué une rainure à l'anneau dont je viens de parler, & j'en ai tiré le double avantage que j'indique à la fin de mon mémoire, en expliquant l'accélération & le retard des petits aéroſtats dans leur mouvement progreſſif.

que j'avois admis le résultat de son calcul sans restriction, tout étonnant qu'il m'eût paru ; qu'il m'avoit fait apprécier mon travail, & que je n'étois plus jaloux qu'il en fût fait mention ; mais que j'avois besoin d'une piece justificative qui me démontrât à mes propres yeux, que je n'avois pas tout-à-fait perdu mon temps, & que j'aimois à croire encore que le rapport de mon mémoire pourroit remplir cet objet ; qu'en me blâmant d'avoir négligé mes occupations, on m'excuseroit peut-être lorsqu'on verroit que j'aurois du moins mérité quelque attention des savans : outre que j'aurois sous les yeux les élémens de son calcul ; que je pourrois m'essayer à le suivre, & me satisfaire pleinement, en m'en démontrant l'exactitude.

« Je vous prierai donc, monsieur, *lui* » *disois-je enfin*, de faire mon rapport, » comme si j'attachois encore à la chose » la même importance qu'auparavant ; & » parce que je desire d'y voir un terme, » je prendrai la liberté de vous rappeller » les promesses que vous m'avez faites en

» différens temps, pour vous engager à y » mettre de la célérité : j'ajouterai même » que je ne vois pas que vous puissiez » différer encore.

» En effet, monsieur, si je vois avec » une sorte de tranquillité le succès de » mon travail, je n'envisage pas de la même » maniere les délais de l'académie. Je ne » saurois me dissimuler jusqu'à quel point » ils m'ont nui. Je sens qu'il lui eût été » facile de m'épargner ce désagrément, & » je crois même avoir mérité d'elle d'en » être mieux traité. J'ai ma conduite encore » présente, & ce n'est pas sans peine que » je me le répète : mes démarches ont » été décentes & multipliées, mes solli- » citations pressantes, l'exposé du motif » de mes desirs toujours vrai & capable, » à ce que je pense, d'intéresser en ma » faveur. Je n'ai cependant fait naître aucun » intérêt, ou du moins, monsieur, cet » intérêt n'a pas été bien marqué. Quelle en » est la cause? Je l'ignore : je sais seulement » qu'il m'est très-pénible d'en avoir souffert.

» Veuillez donc encore une fois, mon- » sieur, faire mon rapport, & rendez-moi

» le service, aussi-tôt qu'il sera fait, de m'en
» avertir par un mot d'écrit.

» J'ai l'honneur, &c. ».

*Paris, ce 15 Mai 1784.*

Ma lettre envoyée, M. Meusnier me fit le lendemain 16 Mai la réponse suivante :

« J'ai reçu, monsieur, la lettre que vous
» m'avez fait l'honneur de m'écrire pour me
» prévenir que, malgré les raisons qui vous
» avoient porté à me prier de ne point faire
» de rapport de votre mémoire, vous desirez
» maintenant que ce rapport soit fait : vous
» vous rappellez que dans notre entrevue
» d'hier, j'avois mis la chose entiérement
» à votre disposition, & je vais en consé-
» quence m'en occuper incessamment. Je
» vous avertirai, comme vous le demandez,
» du moment où vous pourrez aller prendre
» le rapport chez M. le marquis de Con-
» dorcet.

» Quant aux plaintes amères auxquelles
» vous vous êtes livré, je vais vous donner,
» en y répondant, une des meilleures
» preuves de cet intérêt que vous vous
» plaignez qu'on vous refuse, en même-

» temps que vous paroiſſez l'exiger (*).
» Je croyois d'ailleurs vous en avoir donné
» de multipliées, en traitant avec vous,
» dans un aſſez grand détail, différentes par-
» ties de la queſtion que vous aviez entre-
» pris de réſoudre, tandis que vous n'igno-
» rez pas que mes obligations envers vous
» ſe bornoient à vous entendre. Je crois
» donc, monſieur, que les circonſtances
» dont vous me parlez, & dans leſquelles
» le plus sûr moyen de me faire entrer
» n'étoit pas de me perſuader que j'en ſuis
» reſponſable, vous ont beaucoup trop
» préoccupé quand vous avez fait la lettre
» à laquelle je réponds. Il étoit naturel de
» penſer que le rapport que vous attendez,
» quelque favorable qu'il puiſſe être d'ail-
» leurs d'après la nature de votre travail,
» étoit trop au-deſſous des prétentions que
» vous avez montrées pour exciter votre
» empreſſement, & c'eſt la principale cauſe
» d'un retard qu'on a regardé comme ſans
» conſéquence. Vous avez penſé de même
» un moment; mais puiſque vous avez

(*) *L'intérêt que je parois exiger!....* Que ſuis-je donc, s'il ne m'eſt pas permis d'exiger ce qui m'eſt dû!

» changé d'avis, aujourd'hui que vous pré-
» voyez quel peut être ce rapport, tout ce
» que je puis faire, est de vous satisfaire
» incessamment, & vous pouvez être sûr
» que les argumens par lesquels vous cher-
» chez à me prouver que je ne puis vous le
» refuser, sont entiérement superflus.

» Quant au détail des calculs que je vous
» ai montrés, vous ne pourrez le trouver
» dans le rapport où l'usage est de n'em-
» ployer que des résultats ; mais vous avez
» pu voir que je ne suis pas avare d'éclair-
» cissemens, & il ne tient encore qu'à vous
» de me montrer que vous n'avez pas oublié
» de quelle maniere je me suis conduit à
» cet égard. Je serai fort aise qu'il en résulte
» pour vous quelque satisfaction.

» J'ai l'honneur, &c. MEUSNIER ».

*M. Meusnier n'étoit obligé qu'à m'entendre !....* Sans doute : le soin qu'il prend de me le faire sentir, est inutile. Je sais qu'il ne me devoit rien ; car il ne me connoît pas & il occupe une place. Il me sembloit seulement qu'il étoit un rapport qui m'égaloit à lui ; je le trouvois dans ma conduite &

dans le témoignage de ma conſcience, & quelque sûr que j'aurois été de ſa réponſe, je n'en aurois pas moins agi comme je l'ai fait à cet égard; car je ſais auſſi peu me déguiſer dans une circonſtance, que manquer à ce que je dois dans l'autre.

Je n'acceptai pas l'offre de M. Meuſnier. Ce ſecond examen, inutile peut-être auſſi bien que le premier, auroit été tout au moins indécent, en ce qu'il lui auroit fait ſoupçonner que je le croyois capable de m'en impoſer : je ne devois pas, dans l'incertitude, m'expoſer à la confuſion d'une conviction, ſur-tout quand j'avois pris le parti d'admettre tout ſur ſa parole. Je n'avois déjà que trop importuné M. Meuſnier, & d'ailleurs *je n'ignorois pas qu'il n'étoit obligé qu'à m'entendre.*

Je me déterminai donc à attendre encore, mais à ne pas pouſſer les démarches plus loin. J'étois ſeulement curieux de ſavoir juſqu'à quel point j'avois inſpiré à M. Meuſnier cet intérêt *que je me plaignois qu'on me refuſoit, en même temps que je paroiſſois l'exiger.*

Deux mois ſe ſont paſſés : je n'ai reçu

aucune nouvelle. Appréciant dès-lors le ſilence de M. Meuſnier, je n'ai plus héſité. Je me ſuis d'abord préſenté chez M. le marquis de Condorcet. N'ayant pas pu pénétrer juſqu'à lui, parce que des circonſtances fâcheuſes l'empêchoient de me donner audience, je l'ai prié par un mot d'écrit de me dire ſi le rapport de mon mémoire étoit fait, &, dans ce cas, de quelle maniere je pourrois me le procurer.

« Il y a deux mois, ai-je ajouté, qu'après » m'avoir remis de huitaine à autre, M. » Meuſnier m'a promis de s'occuper inceſ» ſamment de mon mémoire, & de me » marquer le moment où je pourrois en » aller prendre le rapport chez vous. J'ai » attendu inutilement juſqu'aujourd'hui; ce » qui m'a fait ſoupçonner qu'il avoit oublié » de me tenir ſa parole. Cependant, comme » d'après lui-même mon ouvrage mérite » une certaine attention, je ne veux pas » perdre cet avantage, quelque foible qu'il » ſoit. Il ne me reſteroit donc plus qu'à » me comporter à l'égard de l'académie » des ſciences, comme je l'ai fait avec celle » de Lyon, c'eſt-à-dire, à me choiſir

» d'autres juges & à m'adreſſer directement » au public. Cette démarche eſt, à mon » ſens, conſéquente, & je ne dois pas la » faire légèrement ; car, outre qu'il faut » reſpecter un pareil juge en ne lui diſant » rien d'inutile, il me faudroit auſſi lui » rendre compte de ma conduite & de mes » ſuccès, & je ne ſais trop ſi les longs délais » de mon rapporteur s'accorderoient avec » ſes promeſſes. J'ai réellement à m'en » plaindre, monſieur : il me ſeroit difficile » de mettre en oppoſition ſes propos flat- » teurs avec ſa maniere d'agir, ſans laiſſer » entrevoir cette conſéquence.

» La grande objection que M. Meuſnier » fait à ma machine, c'eſt que l'académie » en a une plus ſimple, calquée ſur le » modele qu'il en a donné lui-même en » conſéquence d'un calcul qu'il a livré à » l'académie dans le courant de Janvier » dernier. On avoit, m'a-t-il dit, déjà eſſayé » les rames, & elles alloient à ſouhait. Je » l'ai cru ſans balancer malgré la ſingularité » qu'il y avoit à ne me faire cette difficulté » qu'après s'être laiſſé importuner pendant » deux mois & demi, & ſur-tout après

» s'être borné à me faire contre mon principal moyen des objections qui tomboient » d'elles-mêmes. Ce nouveau délai de deux » mois n'est certainement pas propre à me » satisfaire sur cet article ; cependant je le » crois encore & je n'aspire plus au plaisir » d'avoir résolu, du moins avec simplicité, » le problême de la navigation aérienne : » mais puisque, suivant la nature des ob- » jections de M. Meusnier, je ne puis rien » perdre à être jugé, je me dois à moi- » même de faire enfin le dernier pas qui » me reste.

„ Je pense, monsieur, qu'à ce sujet il „ ne me seroit pas fait la moindre difficulté. „ Je me suis comporté décemment avec „ les savans, & j'ai rempli de ce côté-là „ tous mes devoirs. Comme je pourrois „ faire usage de deux billets que j'ai eu „ l'honneur de recevoir de vous, j'espere „ que vous ne le trouveriez pas mauvais : „ vous auriez la complaisance de joindre à „ votre réponse un mot sur cet objet.

„ J'ai l'honneur, &c. „.

*Paris, ce 8 Juillet 1784.*

Sur ce que M. de Condorcet me répondit qu'il étoit presque sûr que mon rapport n'étoit pas fait, que le seul moyen de le savoir positivement étoit de m'adresser à M. Meusnier, je fis enfin cette derniere lettre, en date du 9 Juillet.

« Monsieur, je me suis hier adressé à
„ M. le marquis de Condorcet pour le
„ prier de me dire si le rapport de mon
„ mémoire étoit fait. Il paroît, d'après sa
„ réponse, que vous m'avez oublié, malgré
„ la parole que vous m'aviez donnée dans
„ la lettre que j'ai eu l'honneur de recevoir
„ de vous. Comme il m'importe d'avoir
„ une réponse positive, ayez, s'il vous
„ plaît, la complaisance de me dire par
„ un mot d'écrit ce que j'en dois penser.

„ Les conversations que vous avez bien
„ voulu avoir avec moi; votre lettre même
„ par laquelle vous me laissiez entendre
„ que, quoique mon rapport dût être
„ bien au-dessous des prétentions que
„ j'avois montrées, il pouvoit cependant
„ m'être jusqu'à un certain point favorable;
„ enfin ce dernier délai de deux mois,
„ lorsqu'il étoit si naturel de me faire jouir
„ de ce léger dédommagement; si effec-

„ tivement vous aviez pris à cette affaire
„ quelque peu d'intérêt ; tout, monſieur,
„ m'engage plus que jamais à faire mon
„ poſſible pour me procurer l'avantage que
„ peut me mériter mon mémoire, quelque
„ foible qu'il doive être. S'il eſt vrai que
„ vous m'ayez oublié, il ne me reſte plus
„ qu'une démarche à laquelle je me déter-
„ minerai ſans difficulté ; mais il faut aupa-
„ ravant que j'en ſois bien ſûr, car je ne
„ dois pas agir inconſidérément.

„ Je prendrai la liberté de vous faire
„ obſerver auſſi que, ſi je me ſuis plaint
„ *avec quelqu'amertume*, j'en avois quel-
„ que ſujet, & qu'il ne m'étoit pas auſſi
„ facile que vous me le donnez à entendre,
„ d'interpréter tant de délais & d'en ra-
„ battre ſur mes *prétentions*. Rappellez-
„ vous, monſieur, que, depuis le com-
„ mencement de Mars juſqu'au 15 Mai,
„ vous m'avez remis de huitaine à autre ;
„ que vous ne m'avez parlé du calcul qui
„ ruinoit enfin toutes mes prétentions, &
„ de la machine ſimple que l'académie fai-
„ ſoit conſtruire en conſéquence, que la
„ derniere fois que j'ai eu l'honneur de vous

„ voir. Mes lettres font foi que vous vous „ êtes borné à objecter contre mon principal moyen : j'en ai chaque fois établi „ la nécessité ; j'avois d'ailleurs sujet de „ croire, par plusieurs de vos réponses, „ que cet objet faisoit la plus grande difficulté. Comment pouvois-je m'imaginer „ *que les prétentions que j'avois montrées*, „ *étoient de beaucoup trop grandes ?*

„ Vous avez même poussé les choses, „ de ce côté-là, jusqu'à l'attaquer de nouveau, après m'avoir montré votre calcul. „ La chose devenoit inutile, d'autant plus „ que l'objection étoit aussi peu fondée que „ les autres. Car, si en faisant mouvoir mes „ rames, les petits aérostats montent & „ descendent dans une ligne oblique (*), de „ maniere que leur mouvement soit alternativement accéléré & retardé, je n'ai qu'à „ faire en sorte qu'il ne soit accéléré que „ quand je releverai les rames, & réciproquement. Or, cela m'est facile, moyennant le

(*) Je raisonne dans la supposition que la corde suspensoire passeroit par un anneau fixé au cercle du filet du gros globe, comme les choses étoient dans le principe.

„ plus léger changement (*) ; & d'ailleurs „ cette accélération & ce retard ne nuiront „ pas au mouvement du tout ; car le corps „ du reste de la machine sera retardé & „ accéléré dans la même proportion : ce „ sont deux quantités qui se détruisent. „ J'aurois inséré & développé cette réponse „ dans ma derniere lettre, si je ne l'avois „ pas crue aussi inutile que l'objection : je „ m'étois déterminé à ne plus faire de „ démarches superflues.

„ Vous voyez, monsieur, que j'avois „ du moins sujet de me plaindre que vous „ ne m'eussiez pas parlé de ce calcul dès „ le premier jour que j'eus l'honneur de „ vous voir. Outre qu'il m'étoit absolument „ impossible d'accorder cette marche avec „ ce que vous m'aviez dit jusqu'alors ; vous „ m'auriez évité bien des pas, & vous vous „ seriez épargné à vous-même la *peine de* „ *traiter avec moi, dans un assez grand* „ *détail, différentes parties de la question* „ *que j'avois entrepris de résoudre.*

„ J'ai attendu pendant quatre mois le

(*) La rainure de fil de fer à la place de l'anneau.

„ réſultat de mon mémoire. Vous m'avez „ fait une promeſſe formelle, & j'ai différé „ deux mois encore : j'ai fait à cet égard „ ce que j'ai cru décent : mais il y au- „ roit de la folie à moi d'aller au-delà. „ Veuillez donc, monſieur, je vous en „ prie, me dire, le plus promptement „ poſſible, ſi mon rapport eſt fait; car j'ai „ réſolu de ne plus attendre, & de prendre „ un parti qui termine enfin cet objet.

„ J'ai l'honneur, &c. „.

Telle eſt l'hiſtoire d'une affaire qui n'a ſervi qu'à me nuire juſqu'aujourd'hui, mais dont les circonſtances ſont telles, qu'elles me procurent au moins l'avantage d'en être déſormais débarraſſé.

Je n'ajouterai rien à cette lettre, à laquelle M. Meuſnier n'a pas répondu : je me garderai de faire aucun commentaire; je ne juſtifierai pas non plus cette derniere démarche; le motif s'en trouve trop développé dans le précis de celles que j'ai miſes ſous les yeux du public : il ne me reſte qu'à l'en laiſſer juge.

FIN.

Fig. 1.ere

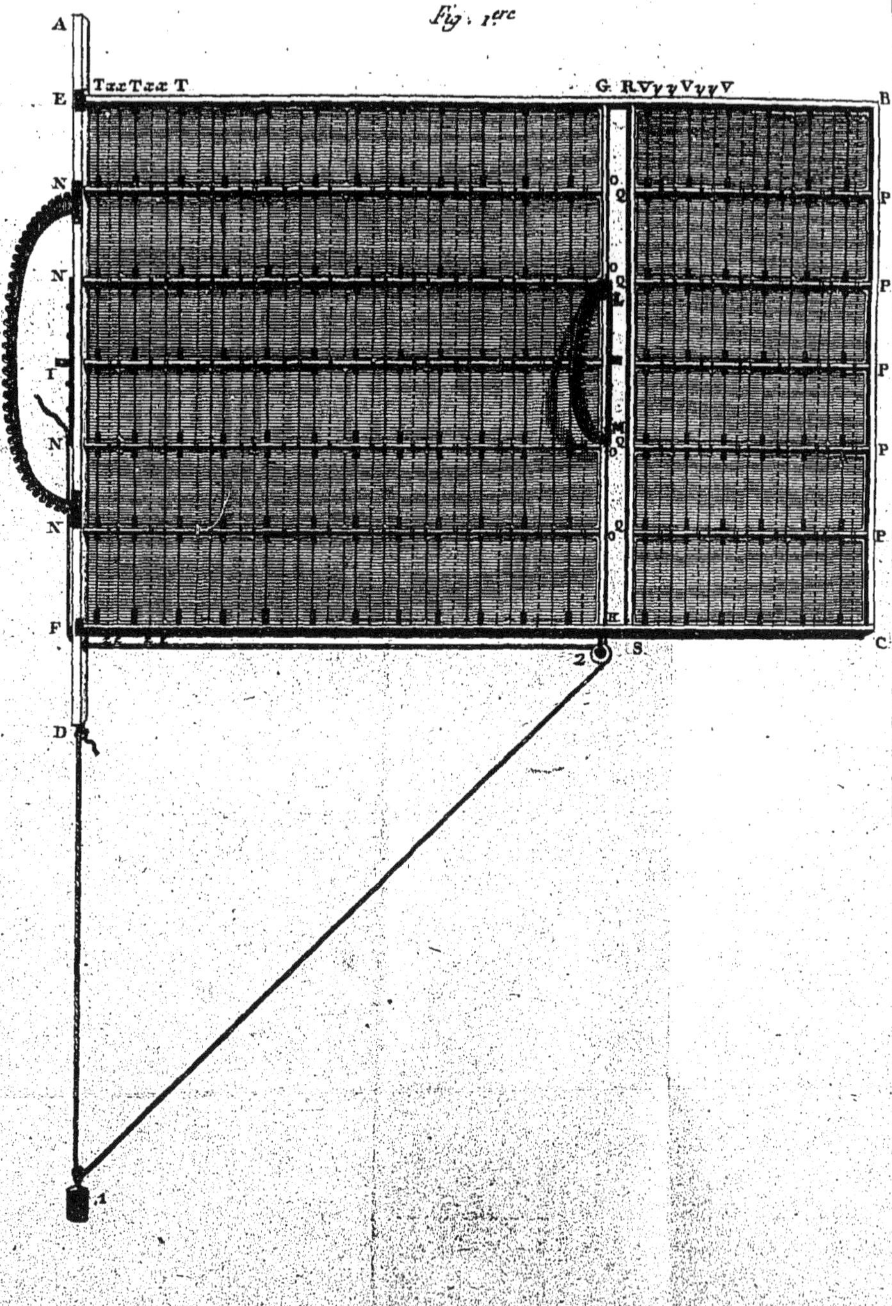

A

E T x x T x x T

G R V γ γ V γ γ V

B

N N I N N

O Q O Q O Q O Q

P P P P P P

F H C

2 S

D

1

Caille Sculp.

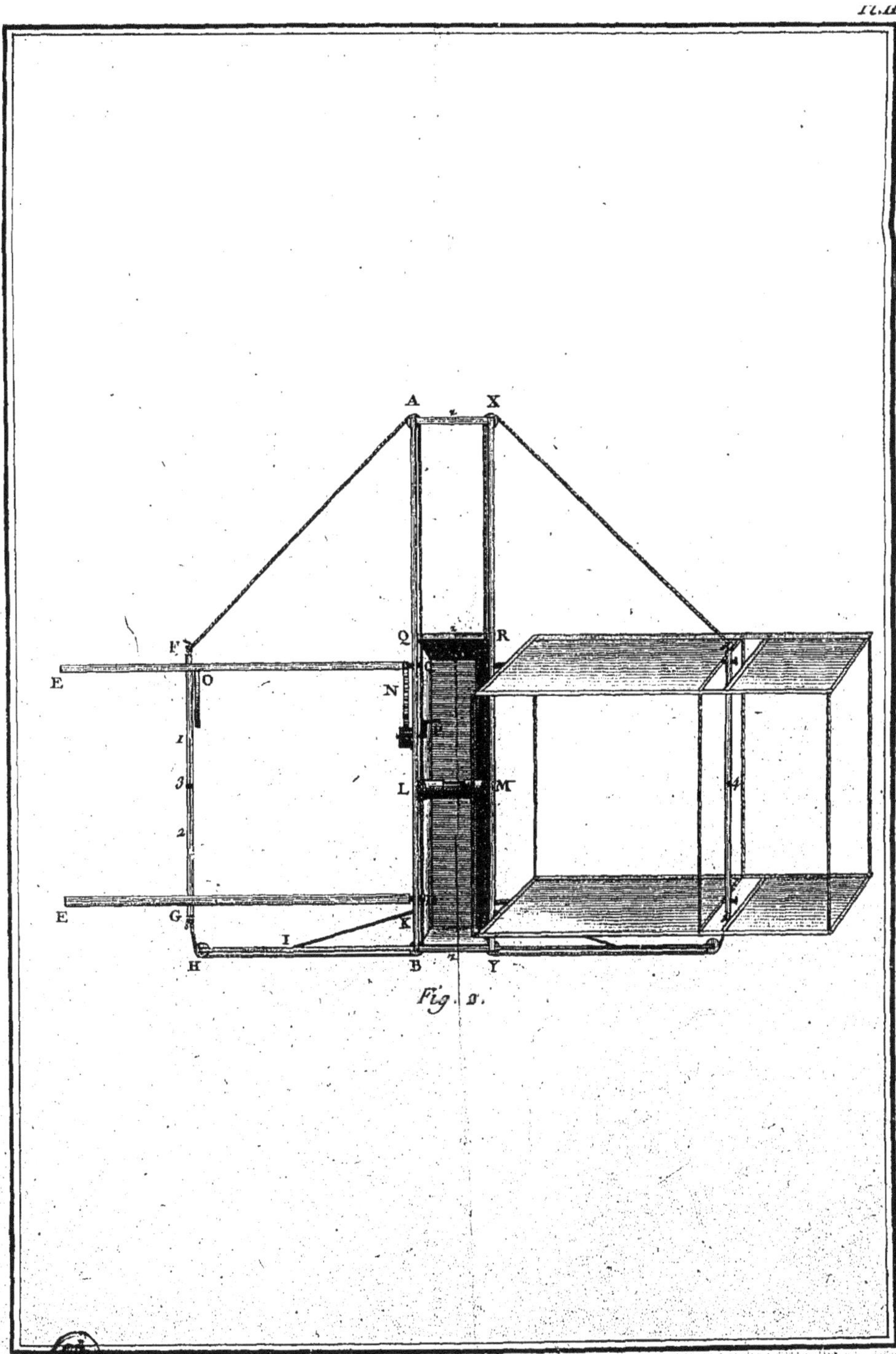


Fig. 1.

Gaitte sculp.

Fig. 3e.

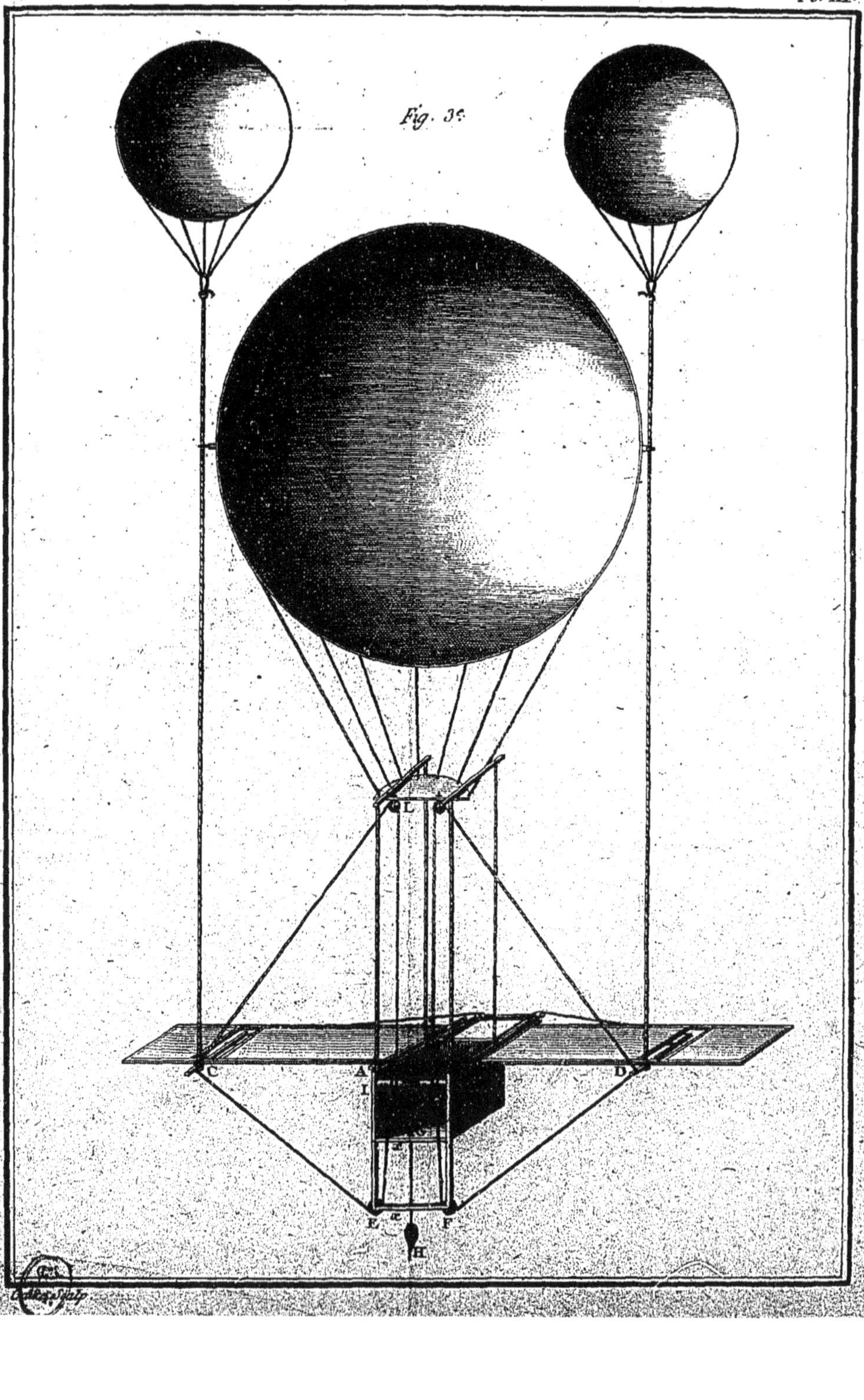

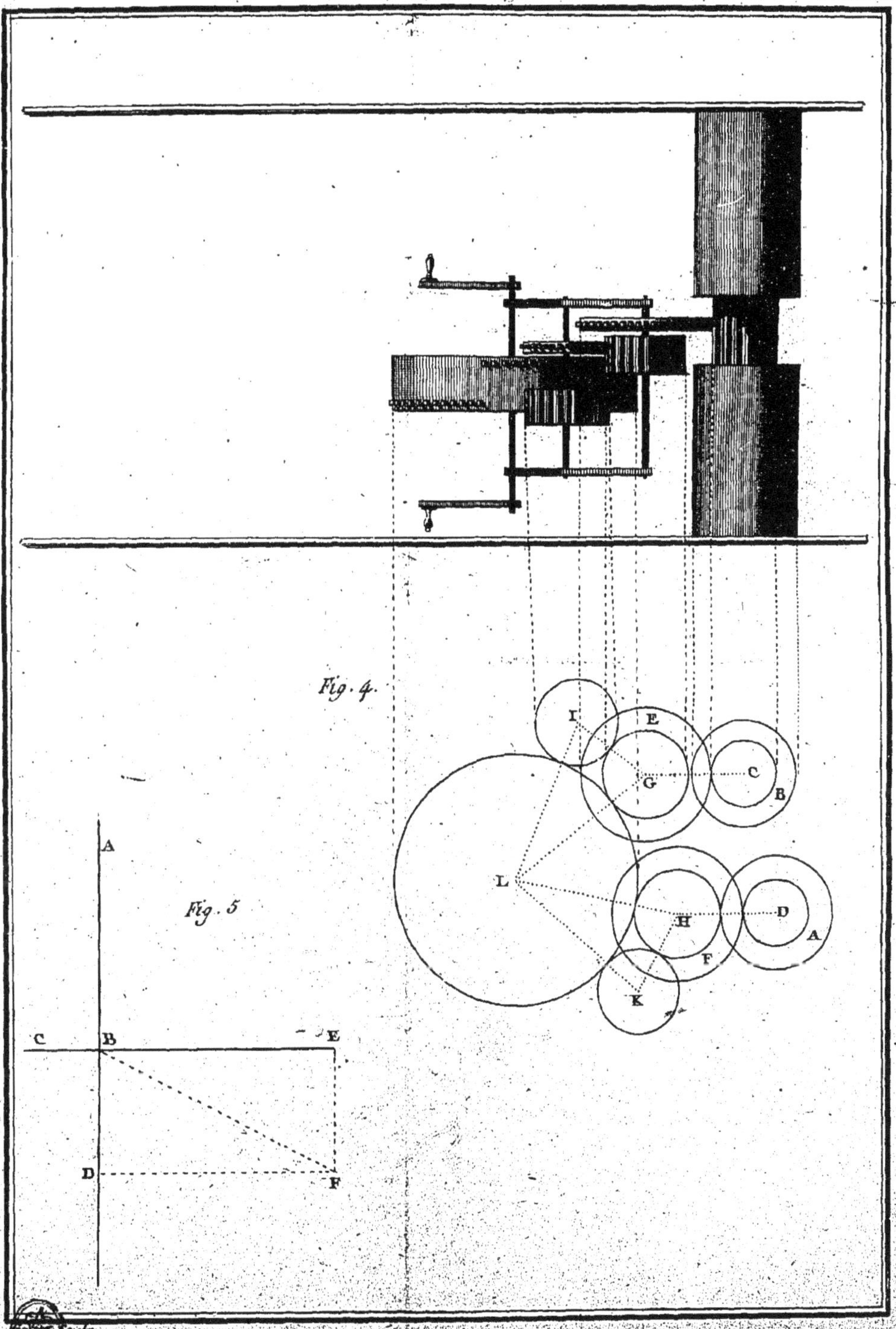

*Fig. 4.*

*Fig. 5*

*... sculp.*

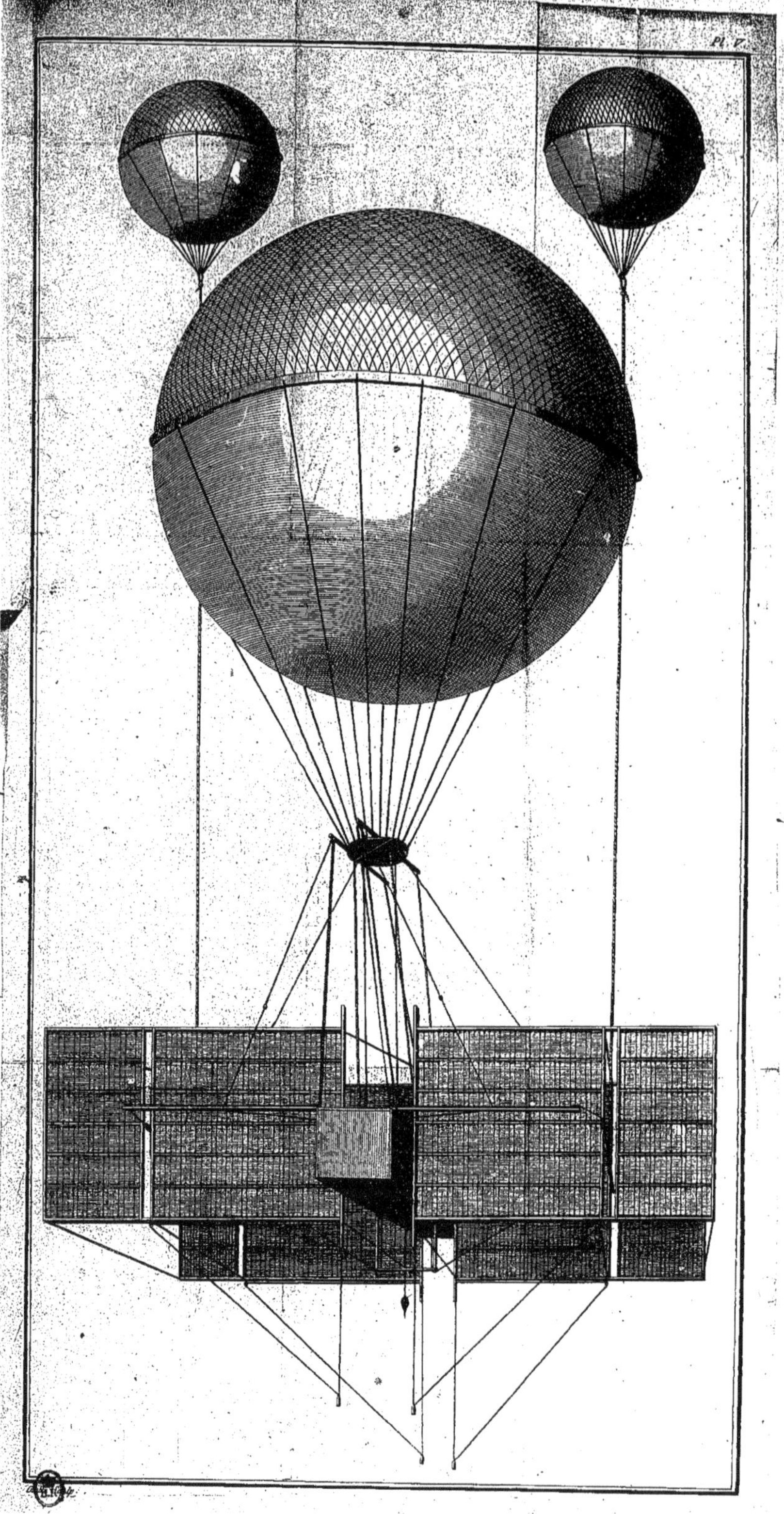

Pl. V.

www.ingramcontent.com/pod-product-compliance
Ingram Content Group UK Ltd.
Pitfield, Milton Keynes, MK11 3LW, UK
UKHW022120190726
13855UKWH00003B/975

9 782013 479769